国家教材建设重点研究基地（高等学校人工智能教材研究
浙江大学"新一代人工智能通识系列教材"

人工智能
通识基础（社会科学）

General Education
of Artificial
Intelligence

吴 超 祁 玉 蒋卓人 张子柯●编著

ZHEJIANG UNIVERSITY PRESS
浙江大学出版社
·杭州·

图书在版编目（CIP）数据

人工智能通识基础 ：社会科学 / 吴超等编著.

杭州 ：浙江大学出版社，2025. 2. -- ISBN 978-7-308
-25933-0

Ⅰ. TP18

中国国家版本馆CIP数据核字第2025WT4286号

人工智能通识基础(社会科学)

吴 超 祁 玉 蒋卓人 张子柯 编著

策　　划	黄娟琴　柯华杰	
责任编辑	汪荣丽　阮海潮	
文字编辑	胡慧慧	
责任校对	沈巧华	
封面设计	杭州林智广告有限公司	
出版发行	浙江大学出版社	
	（杭州市天目山路148号　邮政编码310007）	
	（网址：http://www.zjupress.com）	
排　　版	杭州晨特广告有限公司	
印　　刷	杭州捷派印务有限公司	
开　　本	787mm×1092mm　1/16	
印　　张	13	
字　　数	270千	
版 印 次	2025年2月第1版　2025年2月第1次印刷	
书　　号	ISBN 978-7-308-25933-0	
定　　价	45.00元	

序

2017年，国务院印发的《新一代人工智能发展规划》指出：人工智能的迅速发展将深刻改变人类社会生活、改变世界。新一代人工智能是引领这一轮科技革命、产业变革和社会发展的战略性技术，具有溢出带动性很强的头雁效应。

作为类似于内燃机或电力的一种通用目的技术，人工智能天然具备"至小有内，至大无外"推动学科交叉的潜力，无论是从人工智能角度解决科学挑战和工程难题（AI for Science，如利用人工智能预测蛋白质氨基酸序列的三维空间结构），还是从科学的角度优化人工智能（Science for AI，如从统计物理规律角度优化神经网络模型），未来的重大突破大多会源自这种交叉领域的工作。

为了更好地了解学科交叉碰撞相融而呈现的复杂现象，需要构建宽广且成体系的世界观，以便帮助我们应对全新甚至奇怪的情况。具备这种能力，需要个人在教育过程中通过有心和偶然的方式积累各种知识，并将它们整合起来实现的。通过这个过程，每个人所获得的信念体系，比直接从个人经验中建立的体系更加丰富和深刻，这正是教育的魅力所在。

著名物理学家、量子论的创始人马克斯·普朗克曾言："科学是内在的整体，它被分解为单独的单元不是取决于事物的本身，而是取决于人类认识能力的局限性。实际上存在着由物理学到化学、通过生物学和人类学再到社会科学的链条，这是一个任何一处都不能被打断的链条。"人工智能正是促成学科之间链条形成的催化剂，推动形成整体性知识。

人工智能，教育先行，人才为本。浙江大学具有人工智能教育教学的优良传统。1978年，何志均先生创建计算机系时将人工智能列为主攻方向并亲自授课；2018年，潘云鹤院士担任国家新一代人工智能战略咨询委员会和高等教育出版社成立的"新一代人工智能系列教材"编委会主任委员；2024年，学校获批国家教材建设重点研究基地（高等学校人工智能教材研究）。

2024年6月，浙江大学发布《大学生人工智能素养红皮书》，指出智能时代的大学生应该了解人工智能、使用人工智能、创新人工智能、恪守人与人造物关系，这样的人工智能素养由体系化知识、构建式能力、创造性价值和人本型伦理有机构成，其中知识为基、能力为重、价值为先、伦理为本。

2024年9月，浙江大学将人工智能列为本科生通识教育必修课程，在潘云鹤院士和吴健副校长等领导下，来自本科生院、计算机科学与技术学院、信息技术中心、出版社、人工智能教育教学研究中心的江全元、孙凌云、陈文智、黄娟琴、杨旸、姚立敏、陈建海、吴超、许端清、朱朝阳、陈静远、陈立萌、沈睿、祁玉、蒋卓人、张子柯、唐谈、李爽等开展了包括课程设置、教材编写、师资培训、实训平台（智海-Mo）建设等工作，全校相关院系教师面向全校理工农医、社会科学和人文艺术类别的学生讲授人工智能通识必修课程，本系列教材正是浙江大学人工智能通识教育教学的最新成果。

衷心感谢教材作者、出版社编辑和教务部门老师等为浙江大学通识系列教材出版所付出的时间和精力。

浙江大学本科生院院长
浙江大学教育教学研究中心主任
国家教材建设重点研究基地（高等学校人工智能教材研究）执行主任

前 言

　　人工智能正以前所未有的速度重塑人类社会的运行逻辑。从算法推荐的内容分发，到智慧城市的治理模式；从自动化决策，到生成式技术引发的认知革命——人工智能已不再是实验室中的抽象概念，而是深度嵌入社会肌理的现实力量。这种变革既为社会科学研究提供了全新的观测场域，也对传统理论框架和分析工具提出了严峻挑战。

　　本书的编写源于一个核心命题：当人工智能成为社会科学的"新变量"，我们该如何构建与之对话的知识体系？传统的社会科学研究方法往往建立在人类行为可观测、可解释的假设之上，而人工智能系统的黑箱特性、数据驱动的归纳逻辑，以及机器与人类行为的深度耦合，正在动摇这一认知基础。与此同时，社会科学积累的关于权力结构、文化变迁、制度演化的深刻洞察，恰恰能为人工智能的伦理设计、价值嵌入和社会影响评估提供关键坐标系。

　　2024年上半年，浙江大学成立了人工智能教育教学研究中心，其迫切的任务就是开设面向全校本科新生的人工智能通识课。在三门通识课中，吴超担任其中社会科学课程组的组长。要在短时间内建设一门大一新生的必修课是个艰巨的任务，而其中最难的，是被要求在几个月内为课程写一本教材。幸好，在过去几年中我们已经在浙江大学开设了几门人工智能相关课程，选课的同学很多是社会科学类专业的学生，当时就发现找不到一本适合他们的人工智能入门教材，因此我们就开始编写讲义，并在Mo平台上提供数字化的学习材料。这些讲义和材料构成了本书的基础，然而距离一本教材还有很大的差距，于是课程组的几位核心老师每人负责1～2章，把讲义进行补充、加工、修改乃至重写，才渐渐像个教材的模样。虽然这本教材距离一本理想的教材还很远，但我们会不断地改进它。

一种改进的方式，就是通过配套的数字化内容。在浙江大学的人工智能课堂上，我们利用 Mo 平台实现了一种新形态的教学模式。希望本书读者也有机会去体验一下这种模式，读者可以扫描此二维码，访问平台，其中包括了本书的代码（都是可以直接在平台上运行的），以及对本教材内容的修正和扩展。

Mo 平台

作为面向社会科学类专业的人工智能通识课教材，我们尝试突破"技术工具论"的局限，致力于搭建跨学科的知识桥梁。全书以现代机器学习为核心，首先介绍背景和预备知识，然后梳理从经典机器学习、人工神经网络到深度学习，再到大模型的核心机器学习，最后介绍如何运用人工智能的数据生态环境。在介绍算法的过程中，通过大量社会科学领域的案例展现技术与社会科学的双向塑造。相较于同类著作，本教材凸显三大特色：其一，内容较为前沿，舍弃了传统社会科学量化方法，而主要介绍以深度学习为主的机器学习方法；其二，讲述方式较为通俗易懂，适合社会科学类专业低年级学生阅读；其三，每章都有实践案例，并结合线上平台，提升学生实践动手能力。

本教材是写给社会科学类专业学生的人工智能入门书，也适合其他专业的学生以一种较低的门槛来学习人工智能通识知识。本教材的适用对象不限于社会学、政治学、经济学、传播学等专业学生，也面向公共政策制定者、科技伦理审查人员以及所有关注技术对社会影响的公民。在人工智能日益成为"社会基础设施"的时代，理解其运作机理已不再是工程师的专利，而成为了现代公民素养的重要组成部分。我们期待读者通过阅读本教材，既能洞察智能技术的原理，也能掌握参与技术治理的话语能力，最终成为负责任的"科技公民"。

本教材能在这么短的时间内出版，要感谢很多人的贡献。感谢本教材的作者在紧张的科研和教学之余，熬夜辛苦写作；感谢浙江大学人工智能教育教学研究中心、本科生院、计算机科学与技术学院、公共管理学院等部门的老师们，为教材和通识课的建设付出了大量心血；感谢

Mo平台对课程和教材的支持；感谢浙江大学出版社的编辑们认真把关修改，教材的每一个角落都有你们的贡献。

当下，生成式人工智能的突破正在触发知识生产范式的革命。当机器可以生成逼真的社会调查数据、撰写符合学术规范的研究报告，甚至构建理论模型时，社会科学研究者必须重新思考自身的核心价值。这或许正是编写本教材更深层次的期许：在人工智能与人类社会的共生演进中，守护人之为人的批判性、创造性与伦理性。前路虽充满未知，但正如社会学家马克斯·韦伯所言："学术的终极价值在于使人获得清醒的自觉。"愿本教材能成为读者探索人工智能时代社会科学新边疆的启明之光。

浙江大学人工智能基础（B）课程组
浙江大学人工智能教育教学研究中心
国家教材建设重点研究基地（高等学校人工智能教材研究）
2025年2月

目　录

第3章 人工神经网络

第4章 深度学习

第5章 大语言模型

第6章　数据链条和数据生态

第 **1** 章　背景和基本概念

　　这是一本面向社会科学专业学生的人工智能通识课教材。假设这是读者接触的第一部关于人工智能的书，同时我们也期望这不会是读者阅读的最后一本人工智能相关图书。因此，在本书里，我们会尽可能以简单且精准的方式将人工智能知识呈现给读者。

　　为什么社会科学专业的学生有必要学习人工智能呢？因为人工智能正逐步对社会的诸多领域，尤其是经济方面的发展产生巨大影响，甚至正在重塑人类的生活和思维方式。如此一来，不管是从职业发展方面来看，还是从提升个人修养角度出发，了解并掌握一些人工智能的基本知识，都是有益且必要的，尤其是对于社会科学专业的学生来说，其所研究的对象——人和社会，都会受到人工智能发展带来的巨大冲击。自英国数学家阿兰·图灵（Alan Turing）在1937年提出现代计算机的理论模型——图灵机（Turing Machine）开始至今尚不足一百年，但以计算机为核心的信息技术已经在生活和工作中随处可见。近年来，人工智能更是得到了迅猛发展，其影响固然有积极的一面，比如助力科学研究、提升生产效率等，但同样也有消极的一面，比如对人类的替代性、对社会的公平性等方面的影响。技术的进步不仅改变了社会，也持续地改变着人文和社会科学。

　　首先，**技术改变了社会的日常形态**，使得人文和社会科学的研究对象发生了变化，比如对政治学和公共管理学来说，技术进步所引发的社会变迁使得近代国家亟须更加精确的知识作为制定决策的基础，又比如人工智能的智能体为众多传统哲学研究提供了新的研究客体。

　　其次，**技术带来了新的研究能力**，近代以来，技术为科学研究提供了大量新的方法。继物理学、化学、生物学等领域相继引入实验法、量化分析等研究方法之后，心理学、社会学、经济学等领域的学者也纷纷效仿自然科学的做法，在规范性讨论应然状态的基础上实证性地描述、解释并预测人类社会的特定现象及其变化，为社会实践提供理论解释，为干预社会实践提供理论支持，由此开启了社会科学的"科学化"转型之路。

技术不只是社会科学实践的工具或对象，甚至有可能成为社会科学的机制乃至主体。然而，在现实中，并不是所有的社会科学研究者都能适应这种方法上的转变。很多人想要接纳新方法，但发现其门槛很高，更有部分学者在对新方法一知半解的情况下就轻易对其嗤之以鼻。这就是本教材编写的目的：希望为有志于在数字时代创新社会科学研究的学生打造一本入门门槛较低的通识教科书。

1.1　人工智能对社会科学的影响

人工智能（artificial intelligence，AI）正以前所未有的速度影响着各个领域。社会科学关注的是人类社会的结构、文化、历史和心理等方面，AI的融入不仅改变了研究的方法和工具，还激起了关于人性、伦理和社会关系的深入探讨。

人工智能为社会科学研究提供了强大的数据分析工具。过去，研究者往往受限于人力和时间，难以处理大规模的数据集。而如今，借助AI的机器学习和深度学习算法，研究者可以高效地分析海量数据。例如，社会学家可以利用AI分析社交媒体上的海量信息，了解社会舆论的变化趋势；历史学家可以通过AI技术解读古老文献中的隐含信息，发现那些被遗忘的历史细节。

自然语言处理（natural language processing，NLP）作为AI的一个重要分支，对语言学、文学和翻译等领域产生了深远影响。AI可以帮助语言学家分析不同语言之间的结构差异，促进对语言演化的研究。对于文学研究者而言，AI可以快速检索和分析大量的文学作品，从中找出主题、风格和情感等方面的共性和差异。此外，机器翻译技术的进步，使得跨语言交流更加便捷，但也引发了对翻译质量和文化差异的讨论。

人工智能的崛起给哲学和伦理学带来了新的挑战和课题。AI的自主性和决策能力促使人们对意识、自我和人性进行探讨。例如，当AI具备了与人类相近的认知能力时，我们是否应该赋予其道德地位和权利？这些问题需要哲学家和伦理学家深入思考，从而为技术的发展提供指导。

在教育领域，AI正在改变人文和社会科学的教学方式。智能教学系统可以根据学生的兴趣和学习进度，提供个性化的学习方案。这不仅提高了教学效率，也促进了教育的公平性。此外，这也引发了公众对教师角色和教育本质的讨论。教师不只是知识的传授者，更多的是扮演引导者和辅导者的角色。

然而，人工智能在给社会科学带来机遇的同时，也带来了挑战和担忧。

首先，AI算法可能存在偏见和歧视。由于AI是基于已有的数据进行学习，如果训练数据存在偏见，那么AI的决策也会受到影响。这在社会科学研究中可能会导致错误结论的产生，甚至加剧社会不公现象。因此，研究者需要对 AI 的应用保持批判性态度，确保数据的多样性和算法的公平性。

其次，人工智能的发展可能会对就业市场产生影响。随着 AI 在数据分析和内容生成方面的能力提升，一些传统的社会科学岗位可能面临被取代的风险。这需要社会制定相应的政策，帮助受影响的群体实现转型和适应新的就业环境。

再次，人工智能的广泛应用还引发了有关隐私和数据安全方面的担忧。社会科学研究者在运用 AI 分析个人数据时，如何保护受试者的隐私成为一个亟待解决的问题。伦理规范和法律法规需要与时俱进，为 AI 的应用设定界限和标准。

最后，人工智能的跨学科特性推动了科技与人文的融合。传统上，科技和人文被视为两个独立的领域，而 AI 的出现打破了这一界限。计算机科学家需要了解社会科学问题，以便开发出符合社会需求的 AI 系统；社会科学家也需要掌握一定的技术知识，以充分利用 AI 工具。这种融合有助于培养综合型人才，促进学科的创新和发展。

人工智能对社会科学的影响是深远而复杂的。它为研究者提供了强大的工具，拓宽了研究的视野，但也带来了新的挑战和伦理问题。面对 AI 的迅猛发展，社会科学家需要积极应对，充分利用其优势，同时保持批判性和反思性的态度。只有这样，我们才能在技术与人文的交汇处，探索出一条可持续发展之路，为社会的进步和人类的福祉做出贡献。

1.2　数据和模型

开展数据驱动的社会科学研究，关键在于充分挖掘数据中的价值，模型就是价值发掘的核心载体。下面简单介绍一下数据和模型的概念。

人们通常认为数据与信息是同义词，那么数据与信息有区别吗？实际上，传统定义是较为模糊的，很难界定两者的区别，一般可以认为两者是同义的。但在本教材中，我们将信息看作更宽泛的概念，并且对数据做以下两种限定。

第一，**数据是被记录下来的信息**。在真实世界中有活动时，就会产生信息，无论人是否观察到，信息都是存在的，而即使人类观察到了信息，也并不一定会把它记录下来。比如，当我们走进一座美妙的建筑时，我们可以观察到建筑的结构、装饰的布局，触摸到建筑材料的纹理，嗅到空间中的气味，这些都能带给我们很多信息，然而这些信息并非数据。只有当我们把这些信息记录成视频、图片、文字、数字等形式时，它才成为数据。

第二，**数据是电子化的信息**。信息可以被记录在各种媒介中。媒介有电子的，有非电子的，这里说的"电子的"，指的是"可存储在计算机中，能被计算机直接处理的"。那么非电子的信息是不是数据呢？比如，当我们把对建筑物的感受写在一张纸上时,这算不算一份数据呢?这个问题容易引发争议,也可以带来深入的讨论。在这里,我们从实用角度出发,认为其不是数据。因为数据需要经过计算机处理,才能发挥功能、产生效用。所以这一页纸,若能被计算机处理,那就必须经过电子化。这种限定让数据科学研究有了开展的可能,否则数据科学还需要去研究"当这页纸被其他人阅读所产生的效果""这页纸如何保存"等这一类的问题。

以上两种限定既适用于现实情况,也有助于本书后续的分析。在了解了数据的通常定义及其与信息的关系之后,我们给出一种数据的定义:**数据是一种从真实世界到计算机程序的中间媒介,它过滤出那些可以由计算机程序处理的真实世界信息。**

由此,数据可以被看作一种有用的"影子":数据的集合构成了数据空间,"影子"是相对于真实空间而言的,数据是真实世界活动在此空间上的投影;"有用"是相对于计算机程序而言的,这种投影有助于计算机实现功能、产生效用。

数据作为一种新型资源,具有其独特性。

首先,数据的价值与分析能力呈正相关。过去,人类分析数据的能力是有限的,因此,数据中蕴含的大量价值难以兑现。存储大量无法分析的数据无异于背着沉重的金块前行。但是在今天,随着人工智能等分析算法的突破以及计算机计算能力的增强,社会科学的研究人员可以轻松地对大量数据进行分析。这意味着社会科学家不再仅靠归纳总结或是抽样调查研究问题,基于大数据的方法为全面认知问题提供了可能。

其次,数据的价值会随着数据量的增加而发生质变。大型电商网站可以通过海量数据对用户的行为模式进行判别,从而推荐用户最可能消费的产品,提高营业额。获取足够用于分析的数据是相对困难的,需要足够的物质与时间成本。这些成本曾一度将社会科学研究者排除在外。但随着数字时代的到来,国家与社会对数据资源本身的关注度不断提高,例如数据定价、数据确权等领域的研究不断有新突破,这些数据对于社会科学研究者不再遥不可及。

数据需要经过建模才能发掘其中的规律和价值,因此,模型的作用日益重要。下面我们来对程序、算法和模型做定义。"程序"和"算法"基本等价,可以看作同一个对象的不同描述角度,而模型的概念范围相对较小,一般包含在"算法"和"程序"中。

程序是指可运行指令序列,或可以理解为能在计算机上运行的任何代码。算法描述了计算机要解决的问题,以及如何通过代码来解决这些问题。因此,算法是对问题和解法的形式化描述,而程序则是对问题和解法的指令实现。模型是算法和程序中的一类,一个模型可以看成一个函数,用于将一种数据输入 x,转化为另一种数据输出 y,即模型 $f: x \rightarrow y$,或 $y = f(x)$。以下是一些关于模型的例子:

- 农产品价格预测模型:天气、供需等因素是 x,未来的农产品价格是 y;

● 人脸识别模型：人脸照片是x，这个人的身份是y；

● 自动问答模型：输入的问题（一段文本）是x，回答（另一段文本）是y；

● 语言翻译模型：以中英文翻译（英译中）为例，英文是x，对应的中文是y。

模型既可以由人工设计，也能够通过自动学习生成（机器学习）。

近年来，随着信息化技术的不断进步和数字化基础设施的逐步建设，各类模型的应用场景层出不穷。例如，在公共管理实践中，浙江省杭州市的城市大脑是基于全市的交通实时数据构建的交通模型，用于实时调整交通灯和潮汐车道等设置，以开展城市交通治理工作。此类基于大数据的模型，相比于传统模型，其适用的情况更普遍，且更精确，但由于它无法被人所理解，因此对这种模型的运用，需要采用全新的思维方式。

一是研究更多地由数据驱动。研究者的作用更多在解释模型发现，而更少在提出命题。随着数字时代的到来，研究者面临着更加复杂的问题、更加庞大的信息量、更具实效性的挑战。这些无不要求研究人员能够高效快速地找到问题。例如，在以新冠疫情为代表的诸多应急管理议题中，研究者必须以最快的速度找到可能存在的治理风险，才能够在时效期内解决问题，在这类问题中，显然数据驱动的方法有着得天独厚的优势。

二是研究者需要与算法模型相互配合，认识到在处理非线性、高维、复杂和动态的对象及其关系时，算法模型通常能够展现出更强的分析能力。基于抽样的传统线性分析方法无疑是有效的，但社会科学最终还是要直面普遍且复杂的问题，追求更精确的问题分析，从而更精确地指导实践。

三是对因果性的探索仍是人类的强项，但并非所有的问题都需要因果，也并非所有的模型都需要可解释。人工智能算法经常被诟病为算法黑箱，从而遭受各类质疑。但是人脑恰恰是世界上最为精妙的黑箱系统，在完全解构人脑的运行原理之前，我们依然需要依靠人脑对科学问题进行分析。在一些情况下，有用的黑箱显然要优于一个不那么有用的白箱。

举例来说，在我们的前期工作中，探索出一种基于大数据探索和建模的研究工作法，即先广泛收集关于研究对象属性X和分析目标Y的数据，然后在不做先验假设的情况下，利用最大信息系数（maximum information coefficient，MIC）等非线性关联测量方法，在广泛的X中寻找与Y最相关的因素，接着利用神经网络的非线性模型，建立挑选出来的X与Y之间的精确关系。这种工作流因减少了对先验知识的依赖，从而具有通用性。同时，它能挖掘出很多以往人们很难找到的非线性、非因果的潜在因素，因此，它可作为社会科学新的研究起点，从探索出的新因素出发，探寻之前认知之外的新因果关系。

1.3　人工智能发展历史

人工智能的发展并非一蹴而就，而是经历了漫长而曲折的历程。在此，我们回顾人工智能的发展历史，探讨其技术演进的过程、取得的重大突破以及对社会的深远影响。通过梳理人工智能的发展脉络，希望读者能够更深入地理解这一领域的过去、现在和未来。

在20世纪初，随着数学和逻辑学的不断发展，人类开始探索计算机器的可能性。阿兰·图灵提出了图灵机的概念，为现代计算机理论奠定了基础。图灵机是一种抽象的计算模型，能够模拟任何算法的执行过程，确立了可计算性理论的基本框架。约翰·冯·诺依曼（John von Neumann）在此基础上提出了存储程序计算机的结构，即冯·诺依曼结构，使得计算机可以存储指令和数据，从而具备了通用计算能力。这些理论为后来的计算机发明和人工智能研究提供了关键的基础支撑。

1956年，被誉为人工智能诞生元年。这一年，在美国新罕布什尔州召开的达特茅斯会议，标志着人工智能作为一门独立的学科领域正式诞生。会议由约翰·埃尔伍德·麦卡锡（John McCarthy）、马文·明斯基（Marvin Minsky）、克劳德·香农（Claude Elwood Shannon）和纳撒尼尔·罗切斯特（Nathaniel Rochester）等人组织，他们首次正式提出了"人工智能"这一术语。会议的目标是探索如何让机器具备人类智能，包括学习、推理、问题解决、抽象思维等能力。与会者乐观地认为，机器能够在不久的将来具备与人类相当的智能水平。然而，实际的研究进展并没有预想得那么快，不过这却为后来人工智能的发展奠定了基础。

在人工智能研究的早期，符号主义（symbolism）占据了主导地位。符号主义者认为，智能可以通过对符号的操作来实现，即使用逻辑和规则来模拟人类的思维过程。这种方法基于这样的信念：人类的思维可被看作对符号进行形式化操作的过程，只要我们能够准确地定义这些符号和操作规则，就能让机器具备类似人类的智能。

符号主义的基本思想和方法包括以下几方面。

（1）逻辑推理。符号意义强调使用形式逻辑来进行推理并解决问题。早期的程序，如逻辑理论家（logic theorist）由赫伯特·亚历山大·西蒙（Herbert Alexander Simon）和艾伦·纽厄尔（Allen Newell）开发，是一个模拟人类数学推理能力的程序，能够通过将数学问题表示为逻辑符号，并应用一系列规则进行推理来寻找证明方法。逻辑理论家成功证明了《数学原理》（*Principia Mathematica*）中的38个定理，其中包括一种比原作者提供的证明方法更简洁的解法，因此被认为是第一个人工智能程序，标志着符号人工智能的开端。随后开发的通用问题求解器（general problem solver）则试图创建一个能够解决任意问题的通用算法，通过将问题表示为符号并应用一系列操作规则进行求解。

（2）知识表示。 符号主义重视知识的表示方式，认为只要能够以合适的形式表示知识，机器就能进行推理。框架（frame）、语义网络（semantic network）和产生式规则（production rule）等概念相继被提出，主要用于组织和存储知识。

（3）搜索。 搜索是符号主义实现问题求解的核心工具，它与逻辑推理和知识表示密切相关。通过搜索策略，我们可以在知识库中寻找最优解。广度优先搜索为逐层探索，适用于简单问题并保证找到最优解；而深度优先搜索则深入探索某一路径，适合复杂问题。两者结合，能够提高符号系统在推理和决策中的效率与准确性，使得符号主义能够更有效地处理实际问题。

20世纪70年代至20世纪80年代，专家系统成为人工智能的研究热点。MYCIN是斯坦福大学开发的一个典型的医学专家系统，能够根据患者的症状和实验室检查结果诊断细菌感染，并给出抗生素治疗建议。MYCIN的成功展现了专家系统在专业领域的潜力。此后，专家系统在商业领域得到了广泛应用，如XCON系统用于计算机配置，PROSPECTOR系统用于地质勘探。与此同时，自然语言处理也取得了初步成果。约瑟夫·魏岑鲍姆（Joseph Weizenbaum）在1966年开发了ELIZA，这是一个早期的语言理解程序，它能够模拟心理治疗师与人进行对话。ELIZA通过识别关键词并使用预设的句型进行回应，虽然它并不理解对话的内容，但却展示了人机交互的可能性，引发了人们对机器能否理解和产生人类语言的思考。

但符号主义存在明显的局限性：①知识获取瓶颈。将人类专家的知识转化为机器可理解的形式是一个耗时且困难的过程，被称为知识获取瓶颈。专家系统需要大量的规则，但获取和维护这些规则极为复杂。②缺乏常识推理。符号主义系统在处理具有常识性的、非结构化的问题时表现不佳，它们缺乏对世界的常识理解，无法处理模糊性和不确定性。③可扩展性差。当规则数量增多时，系统的性能会急剧下降。符号主义方法在处理大规模、复杂的问题时遇到了瓶颈，无法满足实际应用的需求。④脆弱性。系统对输入的微小变化非常敏感，缺乏适应能力，一旦遇到未预料到的情况，系统可能会失效或给出错误的结果。

在高度的期望与缓慢的进展之间的矛盾冲突影响下，20世纪70年代末期，第一次人工智能寒冬悄然降临。政府和机构对人工智能的投资大幅减少，许多研究项目被迫终止。人们开始质疑人工智能的可行性和实际应用价值。20世纪80年代末至90年代初，随着日本第五代计算机计划的失败和专家系统局限性的逐步暴露，第二次人工智能寒冬再次来临。研究者开始反思人工智能的方法论，寻找新的突破口。

在人工智能陷入低谷之际，统计学方法为其注入了新的活力。机器学习领域开始兴起，强调通过数据驱动的方法让机器从经验中进行学习。贝叶斯网络、隐马尔可夫模型等概率模型被应用于处理不确定性和模糊性的问题。支持向量机（support vector machine，SVM）的提出，使得机器学习在处理高维数据和分类问题上取得了显著进展。这些方法不再依赖于预设的规则，而是通过统计和优化来发现数据中的模式。

虽然神经网络的概念早在20世纪50年代就已被沃伦·麦卡洛克（Warren McCulloch）和沃尔特·皮茨（Walter Pitts）提出，但由于计算能力和数据量方面的限制，长期未能取得重大进展。进入21世纪，随着计算机性能的提升、大数据的兴起和新算法的提出，神经网络再次受到人们的关注。2006年，杰弗里·辛顿（Geoffrey Hinton）等人提出了深度信念网络，这标志着深度学习取得了突破性进展，使得多层神经网络的训练成为可能。深度学习在图像识别、语音识别、自然语言处理等领域取得了令人瞩目的成果。2012年，由亚历克斯·克里泽夫斯基（Alex Krizhevsky）等人开发的AlexNet在ImageNet图像识别竞赛中大幅提升了识别准确率，这也标志着深度学习时代的正式到来。此后，卷积神经网络（convolutional neural network，CNN）、循环神经网络（recurrent neural network，RNN）和生成式对抗网络（generative adversarial network，GAN）等模型不断涌现，推动了人工智能的快速发展。

大数据的出现为人工智能提供了丰富的"燃料"。凭借数据驱动的方法，机器能够从大量数据中学习模式和规律。云计算和图形处理单元（graphics processing unit，GPU）的普及，进一步提升了模型训练的效率和规模。人工智能在各个领域的应用层出不穷。计算机视觉技术使得机器能够理解和分析图像和视频内容，可用于人脸识别、自动标注、安防监控等；自然语言处理使得机器能够理解和生成人类语言，可用于机器翻译、智能客服、语音助手等；自动驾驶技术正在改变交通方式；机器人技术正在走向智能化和协作化，服务机器人、工业机器人开始在各行各业发挥作用。

随着近年来人工智能的快速发展，通用人工智能（artificial general intelligence，AGI）的概念引发了人们对机器能否具备类人智能的思考。尽管当前的人工智能仍然是专用的，只能在特定领域执行任务，但人机共生的社会已初见端倪。脑机接口、增强现实等技术正在模糊人类与机器的界限。展望未来，人工智能有望进一步提升人类的生活质量，但也需要我们谨慎对待其带来的挑战，确保技术的可控性且符合道德规范。

1.4　计算社会科学

本教材面向社会科学的各个学科，采用一种统一的视角，即从各个学科的共性出发，介绍计算科学和数据科学的基本方法和思维，这种视角常常被称为计算社会科学。

　　人类社会难以被研究和理解的一个重要原因是，它是一个动态演化的复杂系统。这种复杂性首先体现在个体层面，每个人都有自主性和决策能力，这就使得他们在行为上显得独一无二。其次，复杂性还体现在个体之间、个体与群体之间、群体与群体之间的互动方式上，这些互动具有多样性，且充满不确定性，还会产生许多突显的社会现象。不仅如此，人类发明的技术，尤其是媒体技术，也使社会成员之间的交流方式和频率不断变化，总体上让社会系统日益复杂。由于缺乏有效的工具和方法来对社会成员之间多样化和实时的互动进行实证调查，传统社会科学在社会系统的复杂性面前显得"无能为力"，不得不依靠案例研究、抽样调查和宏观分析等片面的或粗略的方法，而这些方法很难揭示复杂社会现象背后隐藏的机制和规律。进入21世纪，这种情况开始改变。技术使得社会系统的复杂性日益增加。如今，人类正处于一个技术二重性凸显的时代，以计算机和互联网为标志的信息技术，一方面正在增加社会的复杂性，另一方面却又为我们认识和理解这种复杂性提供了工具和方法。例如，目前普遍使用的各种网络设备和传感器，加上计算机处理能力的不断提高，可以为研究复杂的社会现象和人类行为提供大量、多类型、实时的数据。正是在这种背景下，产生并发展了一种新的社会研究途径——计算社会科学。

　　2007年，奈杰尔·吉尔伯特（Nigel Gilbert）发表了"Computational Social Science: Agent-Based Social Simulation"一文，文中，他将运用基于主体建模（agent-based modeling，ABM）方法进行的社会模拟研究称为"计算社会科学"。同年，邓肯·沃茨（Duncan Watts）在 Nature 杂志上发表了题为"A twenty-first century science"的文章，这成为计算社会科学时代即将来临的标志之一。2009年，大卫·莱瑟（David Lazer）等15位来自社会科学、计算机科学和物理学的科学家在 Science 杂志上发表了哈佛研讨会的总结内容，此举宣告了计算社会科学的诞生。然而，到此为止计算社会科学并无标准定义，直到第一本以计算社会科学命名的教科书出现，其作者乔菲-里维拉（C. Cioffi-Revilla）给出了这样一个工作定义："计算社会科学是运用计算手段，在个体到群体的多个尺度上，对社会世界（social universe）进行跨学科研究的新领域"，同时还指出："它并不限于大数据，或社会网络分析，或社会模拟模型。"这个定义较准确地描绘了计算社会科学的特点。

　　经过长期探索，人们逐渐认识到，计算社会科学并非简单的跨学科融合，也不仅仅是传统意义上的通用计算方法。它实际上代表了数字时代，乃至未来智能时代的社会科学研究新范式，体现了社会科学在本体论、认识论和方法论等基本问题上的深刻变革。首先是本体论，人类社会的数字化转型产生了数字社会、人机交互社会等不同的新研究对象。这就要求我们为新现象的本质特征、组织结构和运行机制提供基本概念和分析框架。其次是方法论，即应用大数据和人工智能来产生社会科学新知识，即数据驱动的研究范式。最后是认识论，它要求我们处理许多新的社会和经济现象，如数字社会、数字经济和数字治理、算法治理等。

　　此后，在《自然》（*Nature*）和《科学》（*Science*）杂志上设立了常态化的"计算社会科学（Computational Social Science，CSS）"专栏，旨在推动这一新兴领域的知识积累。据不完全统计，这两本期刊迄今已发表了45篇相关论文。2018年，专业性的《计算社会科学期刊》（*Journal of Computational Social Science, JCSS*）正式创刊发行，该期刊由施普林格出版社（Springer）出版；与此同时，众多研究中心和专业学会相继成立。在全球范围内，来自计算科学、社会科学、数据科学、数学与统计领域的诸多学者敏锐地感知到学科交叉所带来的知识生产机遇。诸多国际顶尖大学也纷纷建立相关研究机构，例如，由哈佛大学的格雷·金（Gary King）领衔的定量社会科学研究所（Institute for Quantitative Social Science，IQSS）、芝加哥大学的詹姆斯·埃文斯（James Evans）主持的知识实验室（Knowledge Lab）、斯坦福大学的社会科学研究所（Institute of Social Sciences，IRSS），以及美国东北大学的莱瑟实验室（Lazer Lab）。此外，不少世界著名大学还设立了相应的课程或学位。从研究的对象看，计算社会科学几乎涵盖了人类社会的各个方面，尤其聚焦于经济、政治、文化和社会生活中的各类复杂现象。在发展过程中，它逐渐分化形成了计算社会学、计算经济学、计算历史学、计算政治学和计算法学等众多分支学科。

第 2 章　机器学习基础

近年来，人工智能的飞速发展得益于机器学习取得的突破性进展。在许多应用场景中，机器学习成为实现人工智能的关键技术。那什么是机器学习呢？简单来说，机器学习是一种通过数据"自动学习"规律并做出预测或决策的能力。

为了能更为直观地理解这一概念，我们可以从一个现实例子——社交媒体情感分析入手来进行阐述。

想象一下，政府部门需要了解公众对某项新出台的环保法案的看法。要完成这一任务，就需要从大量社交媒体评论中提取有价值的信息。然而，手动分析这些评论不仅要耗费大量的时间和人力，还容易因为个人的主观偏见导致结果不准确。那么，有没有一种方法可以让计算机自动识别这些评论中蕴含的情感，并快速提供准确的反馈呢？这正是机器学习能够解决的问题。

具体来说，机器学习通过训练模型来识别评论所附带的情感标签。例如：

- "这项法案真棒！"可以被标记为正面情感；
- "这个政策一点都不好！"则被标记为负面情感。

通过将这些标记好的评论作为训练数据输入，机器学习模型会分析并学习数据中的模式，逐渐掌握如何判断评论情感倾向的方法。比如评论中词语的语义特征（例如，"棒"对应正面，"不好"对应负面）以及上下文信息（例如，"不环保的政策让我失望"与"环保的政策让我满意"两者之间的差异）。

接着，这个训练好的模型就可以应用于成千上万条新评论，帮助政府快速了解公众的态度，如图 2-1 所示。这种能力不仅显著提升了分析效率，还能随着数据积累和模型优化而变得越来越精准。

上述例子展示了机器学习如何通过从历史数据中寻找规律来完成复杂的预测任务。类似地，我们在生活中也经常享受这种技术所带来的便利，例如，电影推荐系统会根据你的观影习惯推荐影片，网购平台会根据你的浏览记录推送你可能喜欢的商品。

图2-1　机器学习模型从社交媒体挖掘情感信息示意

机器学习作为一个重要领域，学界和业界对它的定义虽然略有不同，但核心思想一致。以下是一些颇具权威性的定义。

● 国际商业机器公司（IBM）官方网站给出的定义：机器学习是人工智能和计算机科学的一个分支，其专注于使用数据和算法使人工智能能够模仿人类的学习方式，并逐渐提高计算的准确性。

● 甲骨文公司（Oracle）官方网站给出的定义：机器学习是人工智能的一个分支，旨在根据所使用的数据进行学习，或借此改进自身性能。

● 美国计算机科学家汤姆·迈克尔·米切尔（Tom Michael Mitchell）在他的著作《机器学习》中定义道：如果一个计算机程序在某类任务 T 和性能度量 P 上的表现随着经验 E 的积累而提高，那么可以说该程序从经验 E 中进行学习。

● 英国计算机科学家克里斯托弗·迈克尔·毕晓普（Christopher Michael Bishop）在他所著的《模式识别与机器学习》中指出：机器学习涉及从数据中自动检测模式，并利用这些模式对未来数据进行预测或做出决策。

● 美国计算机科学家凯文·帕特里克·墨菲（Kevin Patrick Murphy）在他的著作《机器学习：一种概率视角》中定义道：机器学习是一种方法，它们能够自动检测数据中的模式，并利用这些发现来预测未来数据或在不确定性下执行决策。

虽然上述定义的表述各有不同，但它们的核心思想相同：**机器学习是一种通过数据学习，进而自动改进的技术**。

机器学习不仅是一种技术手段，更是一种分析复杂系统的新范式，具体有以下几个方面的作用。

● 发现规律：它让我们能够从大量数据中洞察趋势，找到隐藏的模式。
● 预测行为：通过建立模型预测未来可能的结果。
● 动态优化：在变化的环境中调整决策策略，不断优化结果。

这项技术不仅彻底改变了计算机的运作方式，还对社会科学领域产生了深远影响。学习并掌握机器学习，不仅是为了理解技术本身，更是为了学会如何通过数据分析来应对各类复杂问题。

在本章后续小节中，我们将深入探讨机器学习的核心概念、经典算法与理论、算法实现与应用案例以及模型挑战与优化策略。通过这些内容的学习，你将全面了解机器学习的基本理论、常见算法及其应用场景，掌握从理论到实践的完整链条，为后续更深入的学习奠定坚实基础。要在线运行本章代码，请扫描前言中的二维码访问Mo平台。

2.1 机器学习重要概念

2.1.1 模型

在机器学习中，模型可以看作一个数学函数 $f()$，用于将输入数据 x 转换成输出结果 y，即

$$y = f(x) \tag{2.1}$$

模型本质上是一种"**工具**"或"**规则**"，其通过从数据中学习规律，实现特定的目标。例如，线性回归模型 $f(x) = ax + b$ 是一种简单的函数，同时也是机器学习中最基本的模型之一。机器学习模型输入与输出情况如图2-2所示。

图2-2 机器学习模型输入与输出情况

为了能更为直观地理解该模型的作用，我们来看以下几个实例。
● 情感分析：输入 x 是一个句子，输出 y 是该句子的情感（如正面或负面）。
● 语言翻译：输入 x 是一个英语句子，输出 y 是翻译成的中文句子。

● 语音识别：输入 x 是录制好的声音片段，输出 y 是与之对应的文字转录内容。

● 人脸识别：输入 x 是一张人脸照片，输出 y 是此人的身份信息。

在这些实例中，输入 x 通常是一些可以量化或描述的数据特征，例如文字、图片、声音或者数值序列。输出 y 是模型根据输入所得出的结果，通常与任务目标直接相关。

为了方便理解，我们可以记住以下两点：

● 输入 x 被称为特征，即用来描述问题的相关数据；

● 输出 y 被称为目标，即模型要实现的结果或目标变量。

通过建立和优化模型，机器学习可以让计算机从数据中学习这些特征与目标之间的关系，从而在面对新数据时，计算机能做出预测或做出决策。模型的设计和选择既是机器学习的核心环节，也是后续将要探讨的重点内容。

2.1.2　建模

在传统认知中，我们常常依靠自身经验和直觉来理解世界。比如预测天气，人们可能会根据过去的经验，简单地计算前一天和当天的平均温度。这种方法看似合理，但现实情况往往比我们想象的要复杂得多。

假如你想预测一个城市的气温，最直观的方法是采用下面这个公式：

$$温度（明天）＝［温度（昨天）＋温度（今天）］÷2 \qquad (2.2)$$

这个公式虽然简单，却忽略了天气系统的复杂之处。实际上，气温的高低受到大气压力、湿度、风速、季节变化等众多因素的微妙影响，仅凭直觉和简单的平均算法，我们很难捕捉到这些复杂的动态关系。而机器学习恰好为我们提供了一种全新的认知范式。它不再依赖于人类预先设定好的刻板规则，而是让计算机通过"观察"海量数据去主动学习和理解。想象计算机如同一名勤奋的学生，它不断"阅读"大量历史的天气数据，在海量信息中捕捉那些微妙的模式和相互之间的关联。与人类习惯性地去寻找简单规律不同，机器学习能够发现那些对人类而言过于复杂或隐晦的关系。

建模的核心是找到输入和输出之间的函数关系，即通过函数 $f()$ 来描述输入 x 和输出 y 之间的关系。传统的方法由人类凭经验构建，而机器学习则是通过数据自动构建这种关系。这意味着模型不再受限于人类认知的狭隘边界，而是能够从数据中提炼出更深层、更动态的洞察。

这种数据驱动的建模方法，实质上是一种突破人类认知局限的智能技术。它让我们有机会窥探那些凭借传统方法难以捕捉到的复杂系统的运行机制，进而在预测和理解上达到前所未有的精度。对于社会科学专业的学生来说，机器学习不仅仅是一种技术，更是一种全新的认知方式，它教导我们如何从海量数据中萃取有价值的洞见，如何用更开放、更动态的视角去看待世界，从而在更多问题上实现超越传统规则束缚的预测能力。

2.1.3 关键阶段

如图 2-3 所示，机器学习模型在构建和应用的过程中，可以分为训练、验证、测试和应用四个阶段。这四个阶段构成了模型生命周期的完整闭环，从数据中学习，到验证自身性能，再到运用所学去解决实际问题，就像培养了一名优秀的学生，先让他在海量信息中学习、成长，直至最终具备独立思考和解决实际问题的能力。

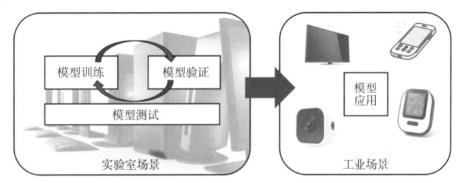

图 2-3　机器学习的不同阶段示意

1. 训练阶段

训练阶段是机器学习模型的学习过程，有其特定的运行机制。通过大量已知的输入 x 和输出 y 的数据对，模型不断调整内部参数，使预测值 $\hat{y}$ 与真实值 y 之间的误差最小化。这个过程的核心是，利用**损失函数**（如均方误差）来量化预测误差，并通过**优化算法**（如梯度下降）以迭代的方式调整模型参数。

例如，在分析社交媒体评论情感的任务中，模型会观察成千上万的评论，"学习"识别正面和负面情感的微妙特征。通常来说，正面评论可能包含"支持""喜欢"等关键词，而负面评论则可能频繁出现"反对""失望"等关键词，训练的目标就是找到输入 x（评论内容）和输出 y（情感标签）之间的最优映射关系。

2. 验证阶段

验证阶段起着评估模型泛化能力的作用，这里所说的**泛化能力**是指模型在未见过的数据上的表现。验证数据是从原始数据集中独立划分出的一部分，用于测试模型在脱离训练数据后的适应性。通过将模型应用于验证数据并比较真实值和预测值之间的差异，可以衡量模型性能优劣。如果验证所得的结果不理想，则可以通过调整模型结构、优化超参数或增加训练数据来改进模型。

在社交媒体情感分析任务中，验证阶段可能通过评估模型对新的评论样本的预测准确率来判断是否需要改进模型。这一阶段意义重大，它确保了模型不仅能"记住"训练数据中蕴含的模式，还能应对新的输入数据。

3.测试阶段

测试阶段将训练完成的模型应用于全新且完全未见过的数据，以此来衡量其实际性能。这些数据没有被用于模型的任何训练或调整环节，因此，测试阶段能提供模型在真实世界中表现的**客观评估**。

在情感分析任务中，测试阶段可能是使用模型预测一批全新的社交媒体评论的情感标签，例如，预测"我非常支持这个法案"为正面情感，预测"这个政策让人失望"为负面情感。测试阶段的核心目标是量化模型的准确性和鲁棒性，为后续的进一步应用做好准备。

4.应用阶段

应用阶段是模型在实际场景中的推理过程，用于解决各类具体问题。此时，模型处理的输入是完全未知且未标注的数据，而输出是对这些数据所做出的预测结果。

例如，情感分析模型可以部署到社交媒体平台，实时处理用户评论，生成公众情绪的综合反馈数据，如此便能协助管理部门更敏锐地感知社会脉搏，从而优化政策或快速调整沟通策略。此时，模型已不再是一个抽象的算法，而是成了一个能够实时、准确地处理复杂社会问题的智能工具。

四个阶段的功能与目标见表2-1。

表2-1　四个阶段的功能与目标

阶段	功能与目标
训练	学习数据中的规律，找到最优模型参数
验证	评估模型的泛化能力，调整模型以避免过拟合或欠拟合
测试	客观衡量模型性能，为实际应用提供可靠依据
应用	将模型部署到现实场景，完成预测任务

通过训练、验证、测试和应用这四个阶段的协同工作，机器学习模型可以从海量数据中实现高效学习，并在实际问题中展现出强大的应用价值。这一完整流程不仅适用于技术领域，也为人文社会科学的研究工作提供一种处理复杂问题的全新工具。

2.1.4　数据

在机器学习的四个阶段——训练、验证、测试和应用中，**数据是模型学习和评估的核心**。根据这些阶段的不同需求，数据通常被划分为四种类型，且每种类型在模型生命周期中均扮演着独特角色。

1.训练数据

训练数据是模型学习的基础。它由一系列带有明确输入 x 和目标输出 y 的样本组成，主要用于调整模型参数。通过对训练数据的观察和学习，模型逐渐掌握了输入与输出之间的关系。例如，在情感分析任务中，训练数据可能包括标注了情感类别（正面、负面或中性）的社交媒体评论。模型正是通过这些数据，才得以"学会"识别情感特征。

2. 验证数据

验证数据是用于检验模型学习效果的一组独立数据集，它未曾用于模型训练。通过将验证数据输入模型并比较预测结果与实际标签，研究者可以据此评估模型的泛化能力。这一阶段的核心目标是验证模型是否真正"学会"了规律，而不仅仅是"记住"训练数据中的细节。如果模型在验证数据上的表现不佳，就需要调整参数或优化模型结构。例如，在情感分析任务中，验证数据可以是一组未参与训练的标注评论，用于检测模型的预测准确性。

3. 测试数据

测试数据用于评估模型的最终性能。这些数据在训练和验证阶段从未被模型接触过，其主要用于检验模型在新数据上的表现，帮助研究者了解其泛化能力。例如，在情感分析任务中，测试数据可以是一组未参与训练和验证的标注评论，模型需要基于已学习到的规律，预测这些评论的情感倾向，通过对比预测的情感标签与实际标签，计算准确率等指标，来评估模型是否达到了预期的性能标准。

4. 应用数据

应用数据是模型进入真实场景后处理的新数据。这些数据没有标签，且可能具有显著的实时性和不确定性。模型凭借之前在训练、验证和测试阶段学到的知识，对应用数据进行推断。例如，在对社交媒体实时评论进行情感分析时，其分析结果可直接为管理部门提供政策反馈和公众意见的动态感知。

在实际操作过程中，为了确保模型的学习和评估效果真实可信，数据集通常会被严格划分。一个典型的数据集 D 的形式通常为：

$$D = \{(x_1, y_1), (x_2, y_2), \cdots, (x_n, y_n)\} \tag{2.3}$$

在这个数据集中，又可进一步细分为以下几类。

训练数据(D_{train})：占总数据的 $60\%\sim80\%$，用于训练模型，优化参数。

验证数据(D_{validate})：占总数据的 $10\%\sim20\%$，用于调参和验证模型性能。

测试数据(D_{test})：占总数据的 $10\%\sim20\%$，用于最终的性能评估。

应用数据通常在实际部署时生成，没有固定比例。通常只有输入 x，模型需要基于已学到的规律预测未知的 y。

这种划分方法旨在确保模型的训练、验证、测试和应用过程能清晰分离，以提高泛化能力和实际应用效果。

对于机器学习中不同类型的数据，请注意以下几个事项。

第一，训练数据与测试数据的独立性。训练数据和测试数据必须严格分离。如果训练数据被用于测试，或测试数据被用于训练，则模型评估的结果会失去可信度，从而无法准确衡量模型的泛化能力。

第二，数据量有限情况下的实际操作。在实际的学习和研究工作中，由于数据量有限，有时人们会将验证集和测试集合并为一组数据，用于最终的测试评估。然而，这种做法实则取消了验证集原本所拥有的调参功能，直接将所有模型未见的数据用于测试。这可能导致模型在训练过程中缺乏对参数调整的有效指导，从而增加训练的难度。

特别是在面对复杂任务或模型需要精细调参的情况下，如果没有独立验证集就可能导致模型表现不稳定，甚至出现过拟合或欠拟合的问题。因此，建议尽可能单独保留验证集，用于动态评估模型的表现并指导优化。如果确实需要将验证集和测试集合并，那么就必须充分认识到这种操作存在的局限性，并采取更严格的交叉验证策略，以尽量弥补验证功能的缺失。

第三，应用数据中的挑战。应用数据通常是没有标签且分布可能随时间的推移而发生变化。因此，模型需要不断更新，或使用在线学习方法应对动态场景。

总而言之，数据是机器学习模型的核心驱动力。通过训练数据，模型可以学会"看懂"数据；通过验证数据，模型可以学会"举一反三"；通过测试数据，模型可以展示其"真功夫"；通过应用数据，模型在现实场景中可以展现自身价值。科学地进行数据划分与使用是构建高效、可靠机器学习模型的关键。

2.1.5 参数与超参数

在机器学习中，参数和超参数是两个核心概念。**参数是模型在训练中学到的变量，而超参数则是需要在训练开始前手动设定的选项，两者共同决定了模型的性能和效果。**

参数是模型在训练过程中学到的"内部数值"，这些数值决定了模型如何根据输入数据 x 生成输出 y。通过优化参数，模型能够从训练数据中提取相应规律并进行预测。例如，在教育研究中，我们可能会用机器学习模型预测学生的考试成绩 y，这个预测是基于输入变量 x（如学习时间、课堂参与度、家庭背景等）来进行的。模型的参数表示这些因素对考试成绩的影响程度。比如，"学习时间"这一因素对应的权重可能较高，表明其对成绩的影响较为显著，而"家庭背景"虽对应的权重可能较小，但仍能提供一定的预测信息。这些权重在模型训练过程中可通过数据优化得出。

超参数是在训练开始之前就设定好的外部变量，其影响着模型的结构和学习方式。与参数不同，超参数不是通过训练数据直接进行优化的，而是依靠实验和经验通过手动调整的。例如：

◉ 学习率：控制模型每次调整参数的幅度。如果学习率太高，模型在训练时就可能跳过最佳参数；如果学习率太低，模型训练速度就会变得很慢。

◉ 批量大小：训练时一次性输入模型的数据量，它也是一种常见的超参数。

以分析社交媒体评论情感的机器学习模型为例，参数其实就是模型学到的支持情感标签预测的内部权重。例如，一个词语的权重可能表明该词语对情感判定所做出的贡献大小（如"喜欢"的权重可能为+2，而"糟糕"的权重可能为-3）。在构建情感分析模型时，我们需要提前设定一些超参数，比如，如果情感分析使用的是神经网络，那么神经网络的深度就是一个关键的超参数，而更深的网络层数可能可以捕捉到数据中更为复杂的模式。如果使用词嵌入技术，那么词嵌入的维度就是一个超参数，这会影响词语特征的表达能力。

总之，参数是模型在训练过程中通过数据学习得到的，而超参数则是在训练前就设定好的，用于控制模型的结构和学习策略。通过理解这两者的作用及其区别，我们能够更有效地设计和优化机器学习模型，以实现更好地预测和分析结果。

2.1.6　损失函数

在机器学习中，**损失函数是衡量模型预测结果与实际结果之间差距的工具**。优化模型的核心目标是最小化损失函数的值，从而使模型的预测结果尽可能地接近真实值。因此，理解损失函数的作用，是掌握机器学习的关键环节之一。

作为机器学习中用来衡量模型性能的核心工具，损失函数能清晰地告诉我们模型的预测结果与真实数据之间的差距到底有多大。一般来说，损失值越小表示模型的预测越接近真实情况。

假设我们正在训练一个模型，目的是预测学生的考试成绩。如果模型预测某位学生会得85分，但其实际成绩是90分，那么损失函数的作用就是用来量化这5分的差距。例如，在回归问题中，常用的均方误差（mean squared error，MSE）损失函数会将这些差距先平方后再取平均值，用于衡量整体的误差情况。在分类问题中（如判断一条评论是正面还是负面），常用的交叉熵这一损失函数会更精确地衡量模型预测的概率分布与真实的概率分布之间的偏差情况。

机器学习模型通过优化损失函数来调整内部参数，使得模型的预测更准确。整个过程可以分为以下几个步骤。

第一步，定义损失函数。选择合适的损失函数，例如用于回归的均方误差或用于分类的交叉熵。

第二步，计算误差。模型会根据当前参数进行预测，并与真实值进行比较，进而计算出损失值。

第三步，调整参数。根据损失值的大小，逐步调整模型参数（如权重和偏置），以减小误差。

第四步，停止优化。当损失值不再显著下降时，模型被认为已达到"最优"状态。

下面我们仍然以社交媒体评论的情感分析模型为例来进一步阐述损失函数的作用和优化过程。

◉ 损失函数的作用：假设模型预测一条评论的情感标签为"正面"，预测概率为0.8，而这条评论的实际标签却是"负面"的。这时，损失函数就会量化这一差距，并给出一个"错误分数"。以交叉熵损失为例，它衡量模型预测的概率分布与真实标签之间的差异。针对一个样本i，其计算公式如下：

$$L = -\left(y_i \log f(x_i) + (1 - y_i) \log(1 - f(x_i))\right) \tag{2.4}$$

式中，y_i 表示真实类别（正面取值为1，负面取值为0），如果该评论实际上是"负面"的，则 $y_i = 0$；$f(x_i)$ 是模型预测该评论为"正面"的概率，$1 - f(x_i)$ 则是模型预测该评论为"负面"的概率。在这个例子中，真实标签为"负面"（$y_i = 0$），但模型预测 $f(x_i) = 0.8$，代入交叉熵公式计算得：$L = -[0 \cdot \log 0.8 + (1 - 0) \cdot \log(1 - 0.8)]$ $= 0.69897$。由于模型错误地认为该评论更可能是"正面"，导致较大的损失值。这表明预测概率偏离真实值越远，损失值越大。我们可以将损失函数看作一个"错误打分系统"，它能帮助模型持续评估预测的准确性。同时，它还像一位"导师"，通过计算误差的方式告诉模型在哪里做得不够好，并引导模型如何改进。

◉ 优化过程：模型通过不断调整内部参数（如权重），逐步降低损失值。在每次调整中，模型根据损失函数的反馈，修改自身的参数，使得预测结果更接近真实标签。例如，在情感分析任务中，模型可能会逐渐调整某些词语的权重（如"喜欢""糟糕"等），以便更准确地对评论情感加以分类。当损失值足够小且趋于稳定状态时，模型即可用于处理新的数据。

损失函数在不同任务中的应用差异显著。在回归分析中，为了预测连续变量（如预测学生的考试成绩），均方误差（MSE）是常用的。在分类任务中，为了预测离散类别（如情感分析、垃圾邮件识别或图像分类），交叉熵则是被广泛应用的一种损失函数。

在下一节中，我们将进一步探讨梯度下降算法如何用于优化损失函数，使模型更加智能化。

2.2 梯度下降算法：寻找最优解的旅程

前文我们已讨论了机器学习的核心要素，包括数据、参数、超参数、损失函数，以及训练、验证、测试和应用过程。这些要素共同构成了模型学习的框架，但要使模型能够高效地找到最佳参数配置，还需要一种系统的优化方法——梯度下降算法。

梯度下降的核心思想是通过迭代优化的方式，让模型不断调整参数，逐步降低损失函数的值，从而找到最优解。这个过程可以类比为寻找山谷中的最低点，我们将分步骤地进行解释来帮助你理解这一重要算法。

2.2.1 梯度下降：站在山顶如何走向山谷

假设你站在一座陌生山脉中的某个位置，目标是到达山谷的最低点。由于视野受限，你会本能地采取如下策略。

步骤1 观察四周，找出最陡峭、下坡速度最快的方向。

步骤2 迈出一小步，沿着这个方向谨慎地迈出一步。

步骤3 不断调整重复上述步骤，且每次都微调方向，向更低处移动，直到周围没有更低的位置。

这一过程就是梯度下降算法的生动写照。模型在初始时并不知道最佳参数在哪里，它从一个随机的参数配置出发，通过计算损失函数的梯度来寻找"下山"的方向。不断重复这一流程，模型最终能够找到最优解。

2.2.2 梯度下降算法的简明步骤

在数学上，梯度下降可以描述为以下几个步骤。

步骤1 随机初始化参数。随机地为模型的损失函数 $L(\theta)$ 选择一组参数 $\theta_0, \theta_1, \cdots, \theta_i, \cdots, \theta_n$，以此作为算法运作的起点。

步骤2 计算梯度。在当前参数配置下，计算损失函数 $L(\theta)$ 的梯度（即损失函数的导数）。梯度表示函数在当前位置变化最快的方向。对于 θ_i，其梯度计算如下：

$$\frac{\partial}{\partial \theta_i} L(\theta) \tag{2.5}$$

步骤3 更新参数。沿着梯度的反方向前进一小步（这就相当于"下山"）。步长由一个超参数学习率 α 控制，下降的一步可表示为：

$$\theta_i = \theta_i - \alpha \frac{\partial}{\partial \theta_i} L(\theta) \tag{2.6}$$

步骤4 判断收敛。针对所有 θ_i，如果所有梯度都接近零或者参数的变化小于预设的阈值 ε，即找到了损失函数的局部最低点，则停止迭代，当前所有得到的 θ_i 即为最终结果；否则返回步骤2。

通过不断更新参数，梯度下降让损失函数值逐步减小，直至找到最优解。

虽然梯度下降涉及数学公式和计算，但我们也不用为这些公式感到担忧。在实际使用中，大部分机器学习框架和工具（如 scikit-learn、TensorFlow、PyTorch）已经实现了梯度下降及其相关过程，用户只需调用相应的函数即可完成优化任务。

这里的讲解主要是为了帮助大家理解梯度下降的核心原理，让大家能更好地把握其背后的逻辑和思路，而不必手动进行复杂的数学运算。

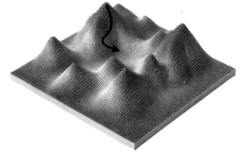

如果我们将机器学习比作一次充满好奇与探索的"山地旅行"，那么梯度下降就是我们的指南针，它可以帮助模型在数据的地形中找到最佳路径。每个位置上的参数组合均对应一个损失函数值，这些值构成一个曲面。模型通过梯度下降算法，不断地调整参数，沿着曲面的斜坡逐步下降，直至到达谷底（即损失函数的最小值），如图2-4所示。

图2-4　梯度下降的"下山"示意

2.2.3　梯度下降算法的局限性

尽管梯度下降是一种强大的工具，但它并非完美。以下是两个常见的局限性。

局部最优解：有些损失函数的曲面并非平滑的碗状，而是"坑坑洼洼"的。如果模型从一个不理想的初始参数出发，可能会陷入局部低点，而非全局最低点。

学习率的选择：学习率 α 对算法的效果至关重要。如果学习率 α 太大，那么可能会"跳过"最低点；如果学习率太小，那么整个优化过程会变得非常缓慢。

为克服这些问题，研究者提出了多种改进方法，例如随机梯度下降（stochastic gradient descent，SGD）和动量梯度下降（momentum），但本书不做详细介绍。

2.2.4　梯度下降算法总结

梯度下降算法是机器学习中最核心的优化算法之一。它通过计算梯度并对参数进行调整，帮助模型逐步逼近最优状态。在训练阶段，梯度下降不断优化模型参数以最小化损失函数；在应用阶段，优化后的模型则用来高效地解决实际问题。

你可以将梯度下降算法看作登山者在未知地形中寻找最低谷的旅程。这一简单而通用的方法展示了机器学习优化的核心思想——通过不断调整参数，让模型在错误中学习，在探索中优化。

通过理解梯度下降的本质，我们可以更好地掌握机器学习的训练过程及其在实际中的应用。在后续章节中，我们将介绍如何结合具体算法和数据，使机器学习模型变得更强大、更智能。

2.3　回归与分类：机器学习的两大任务

在机器学习中，回归和分类是两种核心任务。简而言之，回归用于预测连续值，而分类则用于判断一个样本属于哪一类。

为了更直观地理解它们之间的区别，我们可以通过以下例子来具体说明。

回归任务：预测连续值。

◉ 身高与体重的关系：根据一个人的身高，预测他的体重。

◉ 气温预测：根据过去几天的气温数据，预测明天的气温。

◉ 学历与收入：根据一个人的学历水平，预测他的年收入。

这些任务的共同点是输出的结果是一个连续的数值，比如体重（kg）、气温（℃）、收入（元）等。

分类任务：预测类别。

◉ 性别预测：根据一个人的身高和体重，预测性别（男/女）。

◉ 图片识别：输入一张图片，判断其中的物体究竟是猫、狗，还是汽车。

◉ 疾病诊断：根据医学影像，判断某人是否患有某种疾病（是/否）。

分类任务输出的是一个类别，比如"男/女""猫/狗"或"有/无"。

通过这些例子，你可以发现，回归和分类在生活中无处不在。机器学习模型通过学习数据中的模式，能够将这些现实问题转化为可计算的任务，并高效地予以解决。

2.3.1　回归任务的基础模型：线性回归

线性回归（linear regression）是一种用于预测连续值的简单又直观的回归模型。它通过拟合一条直线，揭示输入变量（特征）与输出变量（目标）之间所存在的线性关系。接下来，我们通过一个具体的例子，探索线性回归的工作原理。

假设我们想研究学生的学习时间与考试分数之间的关系，并希望根据学习时间预测学生的考试分数。这就是一个典型的回归任务。

1.目标

根据学生的学习时间 x，预测考试分数 y。

2.数据集划分

我们收集了9名学生的学习时间和考试分数数据：

$$D = \left\{ (x_1, y_1), (x_2, y_2), \cdots, (x_9, y_9) \right\} \tag{2.7}$$

这些数据可分为以下三部分。

训练数据：6名学生的数据，用于训练模型。

$$D_{\text{train}} = \left\{ (x_1, y_1), (x_2, y_2), \cdots, (x_6, y_6) \right\} \tag{2.8}$$

验证数据：2名学生的数据，用于评估模型效果。

$$D_{\text{validate}} = \left\{ (x_7, y_7), (x_8, y_8) \right\} \tag{2.9}$$

测试数据：第9名学生的数据，比如，第9名学生学习了5小时，我们希望预测他的考试分数。

3.模型公式

线性回归模型通过以下公式表示输入与输出之间的关系。

$$y = \theta_1 x + \theta_0 \tag{2.10}$$

式中，θ_1表示学习时间对考试分数的影响程度（即直线的斜率）；θ_0表示学生即使不学习也能获得的基础分数（即直线的截距）。

4.模型训练

模型训练的目标是找到最佳的θ_1和θ_0，使得模型预测值与真实值之间的误差被控制在尽可能小的范围内。

在这个例子中，我们采用均方误差（MSE）作为损失函数来衡量预测值与真实值之间的差距，其计算公式为：

$$L(\theta) = \frac{1}{N} \sum_{i=1}^{N} \left[y_i - (\theta_1 x_i + \theta_0) \right]^2 \tag{2.11}$$

在上述公式中，N代表训练数据的样本数量。

此外，我们还可使用梯度下降算法，让模型逐步调整参数θ_1和θ_0，不断减小损失函数值，从而提高预测的精度。

验证数据集不参与模型参数的更新，其主要用于评估模型在未见过的数据上的表现，帮助选择最佳参数并防止过拟合。例如，当验证损失开始增大时，可以停止训练以避免过拟合。

5.模型测试

一旦模型完成训练，就可以应用于新数据中。比如，输入第9名学生的学习时间$x = 5$小时，通过模型计算得到预测的考试分数：

$$y = \theta_1 \cdot 5 + \theta_0 \tag{2.12}$$

线性回归作为一个基础的解决回归任务的机器学习模型，它具有如下优点。

（1）简单直观，易于理解。线性回归模型通过简单的直线公式来揭示特征与目标变量之间的关系，非常适合入门学习。

（2）可解释性强。通过模型参数，我们可以量化特征对目标的影响。例如，θ_1表示每增加1小时学习时间，考试分数产生的变化幅度。

但同时它也存在以下缺点。

（1）受线性假设的限制。模型假设特征与目标变量之间是线性关系，但在现实中这种关系可能更为错综复杂。

（2）易受数据噪声的影响。如果数据中存在异常值或噪声，则可能导致模型出现拟合偏差。

（3）容易过拟合或欠拟合。过于简单的模型可能无法捕捉到复杂模式，而对噪声的过度拟合则有可能导致泛化能力不足。

总之，线性回归是机器学习中最基础的回归模型之一，它以其简单和可解释性，广泛应用于社会科学领域。通过分步骤训练模型，我们可以将数据转化为可预测的模式，为实际问题提供相应的解决方案。然而，线性回归的局限性也提醒我们，在面对复杂场景时，需要考虑更加灵活的模型。

2.3.2 分类任务的基础模型：逻辑回归

逻辑回归（logistic regression）是机器学习中最基础的分类模型之一，专门用于处理二分类任务（如"是/否"问题）。与线性回归类似，逻辑回归也构建了一个线性模型，但其核心在于将线性输出转化为概率，通过设定阈值来实现分类。

为了能够直观地理解逻辑回归模型，我们以预测客户是否会购买某产品为例进行阐述。

1.设定目标

根据客户的年龄和收入情况，预测其购买意愿，其中，"1"表示"购买"，"0"表示"不购买"。

2.数据集划分

假设我们收集了7位客户的相关数据。这里我们用 x 表示特征向量，该向量涵盖了客户的年龄 x_{age} 和收入 x_{income} 情况；用 y 表示目标变量，即客户的购买情况（1或0）。数据集可表示为：

$$D = \{(x_1, y_1), (x_2, y_2), \cdots, (x_7, y_7)\} \tag{2.13}$$

这些数据可划分为以下几个部分。

训练数据：取前4位客户的数据，用于训练模型。

$$D_{train} = \{(x_1, y_1), (x_2, y_2), (x_3, y_3), (x_4, y_4)\} \tag{2.14}$$

验证数据：取后两位客户的数据，用于验证评估模型效果。

$$D_{validate} = \{(x_5, y_5), (x_6, y_6)\} \tag{2.15}$$

测试数据：假设第7位客户的年龄为35岁，收入为5万元，我们希望预测其是否会购买产品。

3.模型公式

逻辑回归的核心是将输入特征的线性组合结果 z 转换为概率，具体公式为：

$$z = \theta_0 + \theta_1 x_{age} + \theta_2 x_{income} \tag{2.16}$$

式中，x_{age} 代表客户的年龄，x_{income} 代表客户的收入，z 是线性模型的输出结果。

使用Sigmoid函数，将线性模型的输出 z 转换为范围在0和1之间的概率值。

$$g(z) = \frac{1}{1 + e^{-z}} \tag{2.17}$$

这里Sigmoid函数的作用是将复杂的分类问题转化为一个概率问题，以便后续的分析和处理。

4.分类规则

根据模型计算得出的概率，设定分类阈值，具体如下：

如果 $g(z) \geqslant 0.5$，则预测为1（购买）；

如果 $g(z) < 0.5$，则预测为0（不购买）。

5.模型训练

模型通过训练数据不断调整参数，以使预测结果与真实值的差距最小。

在这个例子中，我们采用交叉熵损失函数来衡量模型预测值与真实标签之间的差异，其表达式如下：

$$L(\theta) = -\frac{1}{m} \sum_{i=1}^{m} [y_i \log f(\boldsymbol{x}_i) + (1-y_i) \log(1-f(\boldsymbol{x}_i))] \tag{2.18}$$

在上述公式中，m 表示训练样本的数量，y_i 表示真实标签，$f(\boldsymbol{x}_i)$ 表示模型预测的概率。

我们使用梯度下降算法不断调整参数 θ_0，θ_1，θ_2，以最小化损失函数的值。验证数据集并不参与模型参数的更新，而是用于评估模型在训练数据之外的性能。通过选择在验证数据集上损失函数值最小的模型，我们既能确保参数优化的效果，又能有效降低过拟合的风险。

6.模型测试

模型训练完成后，便可用来预测第7位客户的购买意愿了。例如，对于年龄为35岁、收入为5万元的客户，具体操作如下。

首先，根据公式计算 z：

$$z = \theta_0 + \theta_1 \cdot 35 + \theta_2 \cdot 50000 \tag{2.19}$$

然后，使用 Sigmoid 函数将 z 转化为概率 $g(z)$：

$$g(z) = \frac{1}{1+\mathrm{e}^{-z}} \tag{2.20}$$

7.模型判断

逻辑回归作为一个基础的解决分类任务的机器学习模型，它具有如下优点。

（1）简单易用。逻辑回归模型结构简单、易于理解，适合初学者。

（2）解释性强。模型参数能直观反映特征与分类结果的关系。

（3）应用广泛。它适用于客户分析、医学诊断、风险评估等领域。

但同时它也存在以下缺点。

（1）线性假设。逻辑回归假设特征与目标之间存在线性关系，故难以处理复杂的非线性问题。

（2）对异常值敏感。模型可能会受到数据噪声和异常值的影响，进而降低分类精度。

（3）局限于二分类问题。在处理多分类任务时，需要对逻辑回归进行扩展，例

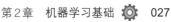

如，使用 Softmax 回归等改进方法，使其能够应对多分类的情况。

总之，逻辑回归作为分类模型的基础，它不仅在理论上具有重要地位，而且在实践中也被广泛应用。尽管它的假设较为简单，但它为我们理解分类模型的核心思想提供了一条清晰的路径。

2.3.3 总结：回归与分类的建模流程

回归和分类任务的核心流程是一致的，均包含了如表 2-2 所示的五个步骤。

表 2-2 回归和分类任务的简明建模流程

步骤	处理过程
准备数据	收集并划分训练、验证和测试数据
选择模型	确定是使用回归模型还是分类模型
选择损失函数	回归问题常用均方误差，分类问题常用交叉熵
模型训练、验证	通过梯度下降方法优化参数，最小化损失函数
模型测试	使用训练好的模型进行预测

线性回归与逻辑回归是最基础的回归和分类模型，尽管它们在复杂性上有所局限，但它们为理解更高级的模型奠定了基础。在后续的章节中，我们将探索更多复杂的模型和算法，以进一步扩展机器学习的应用场景。

2.4 实战：线性回归与逻辑回归的实现

在 2.3 节，我们详细介绍了线性回归和逻辑回归的原理。接下来，我们将通过具体代码去介绍如何用 Python 和 scikit-learn 库来实现这两个模型。通过本节的学习，能够帮助大家从理论走向实践，进而理解如何用编程实现回归和分类任务。

Scikit-learn[①]是一个使用广泛的 Python 机器学习库，支持从数据预处理到模型调参的全流程。它简洁的应用程序编程接口（application programming interface，API）使其无论是对初学者而言，还是对专业人士来说，都能实现快速构建模型。其主要特点如下。

- 易用性：设计简单，文档完善，对初学者友好。
- 支持多种任务：包括回归、分类、聚类、降维等。
- 高效性：对算法进行了优化，适合处理中小型数据集。

我们可以使用以下命令安装 scikit-learn：

---

① https://scikit-learn.org/stable/

```
pip install scikit-learn
```

2.4.1　线性回归模型：预测考试分数

任务目标：根据学生的学习时间来预测他们的考试分数。

我们使用线性回归模型，并按照以下步骤实现。

1.导入所需库

首先需要导入所需的库，具体如下。

● numpy 是用来做数值计算的基础库；

● 从sklearn.linear_model引入 LinearRegression模型；

● 从sklearn.metrics 引入 mean_squared_error损失函数；

● matplotlib是一个基于 Python 的开源绘图库。

```
# 导入所需库
import numpy as np
from sklearn.linear_model import LinearRegression
from sklearn.metrics import mean_squared_error
import matplotlib.pyplot as plt
```

2.准备数据集

假设我们收集了8名学生的学习时间和考试分数，并进行数据集的划分①。

```
# 数据集：学习时间 (小时) 和考试分数
X = np.array([[1], [2], [3], [4], [5], [6], [7], [8]])          # 学习时间
y = np.array([50, 55, 65, 70, 72, 80, 85, 88])                 # 考试分数

# 划分数据集：训练数据和测试数据
X_train = X[:6]  # 前6个数据用于训练
y_train = y[:6]

X_test = X[6:]  # 后2个数据用于测试
y_test = y[6:]
```

---

① 为了简化操作流程，我们在此省略了验证集，仅将标注好的数据集划分为训练集和测试集。

3.构建并训练模型

```
# 创建线性回归模型并进行训练
model = LinearRegression()
model.fit(X_train, y_train)
```

4.查看模型参数

```
# 查看模型参数
print("Slope (theta_1)：", model.coef_[0])
print("Intercept (theta_0)：", model.intercept_)
```

5.评估模型性能

```
# 用测试数据进行预测
y_pred = model.predict(X_test)
# 计算均方误差（MSE）
mse = mean_squared_error(y_test, y_pred)
print("Mean Squared Error (MSE)：", mse)
```

6.可视化模型与数据点

```
# 绘制训练数据和测试数据的散点图
plt.scatter(X_train, y_train, marker='o', label='Training data')  # 用圆点表示
训练数据
plt.scatter(X_test, y_test, marker='^', label='Test data')        # 用三角形表示
测试数据

# 绘制回归直线
X_line = np.linspace(0, 9, 100).reshape(-1, 1)
y_line = model.predict(X_line)
plt.plot(X_line, y_line, color='green', label='Regression line')

# 添加标签和图例
plt.xlabel('Study Hours (hours)')
```

```
plt.ylabel('Exam Scores')
plt.legend()
plt.show()
```

7.预测新生的考试分数

假设有一名新生学习了5小时，我们用该模型预测他的考试分数。

```
# 预测新生的考试分数
new_data = np.array([[5]])
predicted_score = model.predict(new_data)
print(f"Predicted exam score (after 5 hours of study):
{predicted_score[0]:.2f}")
```

输出结果示例：

```
Slope (theta_1)：5.885714285714284
Intercept (theta_0)：44.733333333333334
Mean Squared Error (MSE)：7.728117913832151
Predicted exam score (after 5 hours of study): 74.16
```

线性回归输出结果如图2-5所示。

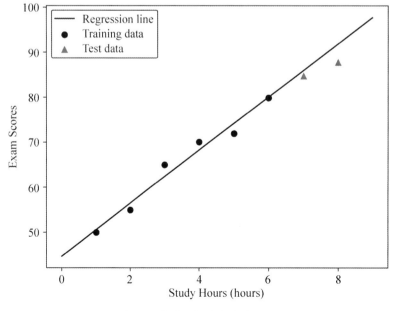

图2-5　线性回归输出结果示例

通过以上代码，我们实现了一个线性回归模型，并通过简单的代码流程展示了如何从数据准备到模型应用。不仅如此，通过可视化，我们还能直观地理解模型的表现。

2.4.2 逻辑回归模型：预测客户购买意愿

任务目标：根据客户的年龄和收入情况，预测其是否会购买某产品（"1"表示"购买"，"0"表示"不购买"）。

逻辑回归模型的实现与线性回归类似，但其目标是分类。我们可按照以下步骤实现。

1.导入所需库

首先需要导入所需的库，具体如下。

◉ numpy 是用来做数值计算的基础库；

◉ 从 sklearn.linear_model 引入 LogisticRegression 模型；

◉ matplotlib 是一个基于 Python 的开源绘图库。

```
# 导入所需的库，选择模型
import numpy as np
from sklearn.linear_model import LogisticRegression
import matplotlib.pyplot as plt
```

2.准备数据

我们需准备一个简单的数据集，包括客户的年龄、收入，还有客户是否购买产品的标签。假设我们收集了6位客户的数据①。

```
# 准备数据：年龄、收入、购买标签（1=购买, 0=不购买）
X = np.array([[25, 50000], [30, 60000], [35, 65000], [40, 70000], [45,80000],
[50, 85000]])
y = np.array([0, 0, 1, 1, 1, 1])
```

3.进行建模

我们使用 LogisticRegression 模型，并调用 fit() 函数对数据进行训练。

---

① 为了帮助大家更好地理解逻辑回归的实际操作，并简化数据处理流程，我们将所有标注好的数据集均用于训练。

```
# 模型训练
clf = LogisticRegression().fit(X, y)
```

4.查看模型参数
训练完成后，我们可以查看模型的参数。

```
# 查看模型参数
print("Parameter weights (theta_1 and theta_2)：", clf.coef_)
print("Intercept (theta_0)：", clf.intercept_)
```

5.评估模型
用训练数据评估模型的准确率。

```
# 评估模型
score = clf.score(X, y)
print("Model accuracy:", score)
```

6.预测新客户的购买意愿
我们可以用训练好的模型进行预测。例如，预测一个35岁且收入为5万元的客户是否会购买产品。

```
# 预测
new_data = np.array([[35, 50000]])
prediction = clf.predict(new_data)
print("Prediction result (1=Buy, 0=Do not buy):", prediction)
```

7.可视化决策边界
用matplotlib展示数据点，并标记模型的决策边界。

```
# 为可视化生成网格数据
x_min, x_max = X[:, 0].min() - 5, X[:, 0].max() + 5
y_min, y_max = X[:, 1].min() - 10000, X[:, 1].max() + 10000
xx, yy = np.meshgrid(np.linspace(x_min, x_max, 100),
                np.linspace(y_min, y_max, 100))
```

```
# 计算网格点的预测值
Z = clf.predict(np.c_[xx.ravel(), yy.ravel()])
Z = Z.reshape(xx.shape)


# 绘制决策边界
plt.contourf(xx, yy, Z, alpha=0.2)
# 作用：这行代码用于绘制逻辑回归模型的决策边界，通过填充的背景颜色
展示特征空间中逻辑回归模型的分类区域
# 决策边界是分类模型的重要组成部分，用于区分不同的类别（比如"购
买"与"未购买"）


# 绘制训练数据的散点图
for label, marker in zip([0, 1], ['o', '^']):
    plt.scatter(X[y == label, 0], X[y == label, 1], marker=marker, label
    =f'Class {label}', edgecolor='k')
# label = 0 时，表示"未购买"数据，用圆点（o）表示
# label = 1 时，表示"购买"数据，用三角形（^）表示


# 设置坐标轴标签
plt.xlabel('Age')
plt.ylabel('Income')


# 显示图例和图像
plt.title('Logistic Regression Model - Decision Boundary')
plt.show()
```

输出结果示例：

```
Parameter weights (theta_1 and theta_2)：
[[1.03314937e+00 -5.39606933e-04]]
Intercept (theta_0)： [-0.07403985]
Model accuracy: 1.0
Prediction result (1=Buy, 0=Do not buy): [1]
```

逻辑回归输出结果如图2-6所示。

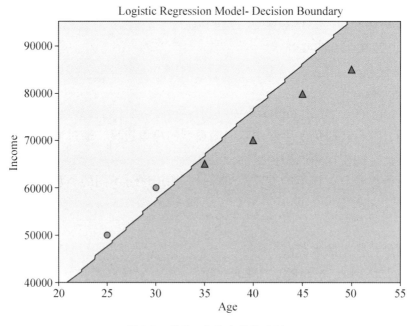

图 2-6　逻辑回归输出结果示例

通过阅读这些实例代码和库的简介，希望大家能逐步掌握机器学习的核心概念以及相应的实现方法。线性回归和逻辑回归是最基础的模型，理解这两个模型是开启机器学习之旅的第一步。

2.5　机器学习经典模型：理解社会现象的工具箱

在掌握了机器学习的基础知识后，本节将探索几种经典模型。这些模型不仅适用于技术场景，也能为社会科学研究提供全新的视角。不论是剖析人类行为，还是揭示社会现象，它们都能为我们提供全新的视角和方法。希望通过本节内容的介绍，大家能够理解这些模型的核心思想，同时感受到它们在社会科学中所展现出的独特价值。

2.5.1　决策树：模拟人类决策过程的模型

决策树（decision tree）是一种形象化的分类模型，就像我们在生活中做决策时的推理过程。比如，当你计划在本周末安排一次旅行时，内心会不断地问自己一系列问题。

天气好吗?

⬤ 如果晴天：继续考虑。

⬤ 如果下雨：留在家。

预算是否充足？

◉ 如果充足：可以长途旅行。

◉ 如果有限：选择附近短途游。

机器学习中的决策树，正是以这种类似人类思考的方式开展工作的！它通过一系列连续的"是"或"否"的判断，最终得出相应的结论。下面我们来看一个具体的例子，如图2-7所示，假设你是一名即将毕业的大学生，正在考虑毕业后的职业方向。

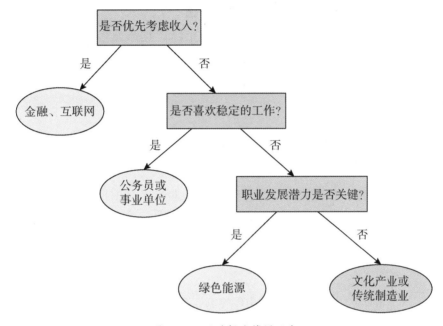

图2-7 职业选择决策树示意

你在做决策时，可能会包含以下几个问题。

是否优先考虑收入？

◉ 如果是：重点关注高薪行业（如金融、互联网）。

◉ 如果否：继续考虑其他因素（如生活方式或职业发展潜力）。

是否喜欢稳定的工作？

◉ 如果是：优先选择公务员或事业单位。

◉ 如果否：可以考虑创业或进入快速变化的行业（如科技创业公司）。

职业发展潜力是否关键？

◉ 如果是：优先选择有成长空间的行业（如绿色能源）。

◉ 如果否：选择与个人兴趣或技能相匹配的职业方向（如文化产业或传统制造业）。

最终，根据这些条件，你可能会选择成为一名金融分析师，或是进入一家互联网公司，又或是选择一份相对稳定的事业单位岗位的工作。

类似于择业过程，机器学习中的决策树通过一系列"是"或"否"的判断，将复杂问题逐层分解。例如，择业决策树可以表示为：

根节点：从关键因素（如收入优先程度）开始划分。

内部节点：逐层判断其他条件（如稳定性偏好、职业发展潜力）。

叶节点：最终分类结果（如职业选择）。

构建决策树的关键在于选择每个分类依据，即在每个节点上确定如何分裂数据，使数据变得更加有序。这一过程涉及以下几个核心步骤。

1. 衡量数据的"有序程度"——计算信息熵

信息熵（E）是衡量数据混乱程度的一项指标。具体而言，如果数据分类完全有序（例如，每个数据点都归属于明确的类别），那么信息熵就较低；反之，如果数据非常混乱（例如，每个类别的数据分布没有明显规律），那么信息熵就较高。信息熵的计算公式如下：

$$E = -\sum_{i=1}^{n} p_i \log_2 p_i \tag{2.21}$$

式中，p_i是数据集中第i类样本所占的比例。

以职业选择为例，人们通常考虑多个因素，如收入、工作稳定性等。假设我们调查了10个人的最终职业选择，职业类别分布如下：金融/互联网（5人）、公务员/事业单位（2人）、绿色能源（1人）、文化产业/传统制造业（2人）。代入信息熵公式计算如下：

$$E = -\left(\frac{5}{10}\log_2\frac{5}{10} + \frac{2}{10}\log_2\frac{2}{10} + \frac{1}{10}\log_2\frac{1}{10} + \frac{2}{10}\log_2\frac{2}{10} \right) = 1.761$$

2. 找到最优分类依据——信息增益

信息增益IG（C）表示通过某个分类依据（如"收入是否优先"）能降低多少混乱程度。信息增益越大，说明这个分类依据对数据的划分效果越好。其计算公式如下：

$$\text{IG}(C) = E_O - E_c \tag{2.22}$$

式中，E_O是数据集的原始信息熵；E_c是按照某个分类标准C进行划分后的加权信息熵。

决策树通过比较所有分类依据的信息增益，选择最优的标准作为当前节点的分类标准。

在职业选择这个例子中，E_O就是我们按照最终职业选择计算得到的结果（1.761），接下来尝试比较"收入"和"工作稳定性"两种分类标准。假设选择"收入优先"的有5人，且都进入了高薪的金融/互联网行业；而选择"收入不优先"的有5人，都进入了非高薪行业（公务员/事业单位2人，绿色能源1人，文化产业/传统制造业1人）。与此同时，选择"稳定优先"的有5人，其中只有2人选择了最为稳定的工作（公务员/事业单位），另外 3 人选择了金融/互联网。其余选择"稳定不优先"的有 5 人，最后都进入非稳定的行业（金融/互联网 2 人、绿色能源 1 人、文化产业/传统制造业 2 人）。

我们首先计算按"是否优先考虑收入"进行分类，该分类标准把 10 人分成了 2 组：

选择"收入优先"的 5 人都进入金融/互联网行业，其信息熵为：$E_{I1} = -\left(\frac{5}{5}\log_2\frac{5}{5}\right) = 0$。

选择"收入不优先"的 5 人中，公务员/事业单位 2 人，绿色能源 1 人，文化产业/传统制造业 2 人，其信息熵为：$E_{I2} = -\left(\frac{2}{5}\log_2\frac{2}{5} + \frac{1}{5}\log_2\frac{1}{5} + \frac{2}{5}\log_2\frac{2}{5}\right) = 1.522$。

因此，按照"是否优先考虑收入"进行分类的信息熵为：$E_I = \frac{5}{10}\cdot E_{I1} + \frac{5}{10}\cdot E_{I2} = 0.761$。

接着计算按"是否喜欢稳定工作"进行分类的情况，该分类标准把 10 人也分成了 2 组：

选择"稳定优先"的有 5 人，2 人进入公务员/事业单位，另外 3 人进入金融/互联网行业，其信息熵为：$E_{S1} = -\left(\frac{2}{5}\log_2\frac{2}{5} + \frac{3}{5}\log_2\frac{3}{5}\right) = 0.971$。

选择"稳定不优先"的 5 人中，金融/互联网 2 人、绿色能源 1 人、文化产业/传统制造业 2 人，其信息熵为：$E_{S2} = -\left(\frac{2}{5}\log_2\frac{2}{5} + \frac{1}{5}\log_2\frac{1}{5} + \frac{2}{5}\log_2\frac{2}{5}\right) = 1.522$。

因此，按照"是否喜欢稳定工作"进行分类的信息熵为：$E_S = \frac{5}{10}\cdot E_{S1} + \frac{5}{10}\cdot E_{S2} = 1.2465$。

综上，按照收入进行分类的信息增益为 $\mathrm{IG}(I) = E_O - E_I = 1$，而按照工作稳定性进行分类的信息增益为 $\mathrm{IG}(S) = E_O - E_S = 0.5145$，选择收入进行分类的信息增益大于选择工作稳定性进行分类的信息增益，因此收入更适合作为决策节点来生成子集。

3. 分裂数据并构建节点

根据选定的分类依据，将数据分裂成更小的子集，生成决策树的内部节点和叶节点。对于每个子集，重复步骤 1 和步骤 2：如果某个子集的数据已经完全有序（即类别明确），则生成叶节点，不再继续进行分裂操作；如果数据仍然混乱，则继续选择下一个分类依据，进一步分裂数据。

4. 循环构建决策树

通过递归地对每个子数据集重复上述步骤（计算信息熵和信息增益，并选择分类标准），逐步构建决策树，直到数据在某个节点上完全有序（即类别明确），或者达到预设的树深度限制，以避免过拟合。

决策树以其直观性和灵活性，在实际应用中非常受欢迎，尤其是在社会科学领域，它具有以下优点。

（1）直观易懂：通过逐步回答"是"或"否"的问题构建分类路径，逻辑清晰，便于非技术背景的学习者和研究者理解。

（2）对数据分布无要求：可以处理非线性数据和混合类型数据（如数值型和分类型特征）。

（3）适合小规模数据：特别适用于需要高解释性的小数据集场景，例如择业建议或政策分析。

尽管决策树直观易用，但在实际应用中也存在一些不足。

（1）容易过拟合：决策树可能过于依赖训练数据，对噪声敏感，导致对新数据的泛化能力不足。在实践中，可以通过剪枝（pruning）或限制最大深度的方法来减少模型的复杂性。

（2）局部最优问题：由于决策树是贪心算法，它每次都会选择当前分类效果最好的依据，所以可能会错过全局最优的分类方式。

为了解决单棵决策树容易过拟合和局部最优的问题，我们可以采用随机森林算法。

随机森林是一种基于决策树的集成学习方法，通过构建多棵决策树并让它们共同投票来决定最终的分类结果。如果把单棵决策树比作一次专家建议，那么随机森林就像是多位专家经过集体讨论后的最终决策。

随机森林具有如下优势：

（1）降低了单棵决策树的偶然性，提高了模型的鲁棒性。

（2）在处理复杂数据和应对噪声时效果显著，尤其适合社会科学中多样性强的数据集。

无论是单棵决策树还是随机森林，这类模型在社会研究和政策分析中均有广泛应用。以下是一些典型的应用场景。

住房政策分析：评估不同的住房补贴政策对城市租金波动的影响。通过决策树，可以直观地揭示是哪些政策因素（如租金上限、补贴金额、申请门槛等），对租金水平的调节作用最显著。

医疗资源分配：分析医疗资源在短缺的情况下如何优先安排不同患者群体的救助。通过决策树，可以帮助找出关键变量（如病情严重程度、年龄或病床的可用性），明确资源分配的优先顺序。

教育公平性研究：处理多样化的教育数据，例如分析不同地区教育资源状况（如师生比、学校投入、家庭经济水平等）对学生学业成绩的综合影响。

这类方法所具备的直观性与灵活性，使其在社会科学研究中成为不可或缺的分析工具，为从个人决策到宏观政策制定提供了有力支持。

2.5.2　朴素贝叶斯：用概率推理解读社会现象

朴素贝叶斯（naive Bayes）是一种基于贝叶斯定理构建的分类模型，它通过计算各类别的概率，从中选取概率最大的类别作为分类结果。尽管该模型构造简单，但它在许多场景中表现优异，尤其适合文本分类任务，比如垃圾邮件检测、情感分析等。

该模型的核心思想是，通过已知特征（如调查问卷的回答）推测目标变量（如受访者是否支持某一政策）。具体而言，贝叶斯定理可以被标识为如下公式：

$$P(C|X) = \frac{P(X|C)P(C)}{P(X)} \tag{2.23}$$

式中，$P(C|X)$为在给定特征 X 的情况下属于类别 C 的概率（后验概率），即要预测的概率；$P(X|C)$为在类别 C 下特征 X 出现的概率（似然概率）；$P(C)$为类别 C 出现的概率（先验概率）；$P(X)$为特征 X 出现的概率（标准化因子）。

假设我们想通过询问民众"是否愿意支付更高的税收支持环保？"（是/否）来推测该受访者对于某项政策的态度（支持与反对）。基于之前调查的历史数据，我们可以得到**先验概率**：P（支持）＝0.6，P（反对）＝0.4，即之前的历史调查结果显示：有60%的人支持该政策，40%的人反对该政策。对于**似然概率**：如果支持者中70%回答"是"，即 P（是|支持）＝0.7；反对者中30%回答"是"，即 P（是|反对）＝0.3。对于**标准化因子**（回答"是"的概率）：P（是）＝(0.7×0.6)＋(0.3×0.4)＝0.54。此时，如果某受访者回答"是"，我们可以使用贝叶斯定理计算其支持该政策的概率：P（支持|是）$= \dfrac{P(\text{是}|\text{支持}) \times P(\text{支持})}{P(\text{是})} = \dfrac{0.7 \times 0.6}{0.54} = 0.778$，即该受访者如果回答"是"，有77.8%的概率支持政策。贝叶斯定理可以量化特征与类别之间的关系，帮助预测个体的态度。类似方法可应用于垃圾邮件分类、医疗诊断、信用评分等，使模型在已有知识的基础上进行概率推断。

在介绍完贝叶斯定理后，有人可能会好奇，这里的"朴素"又是从何而来呢？其实，这里所说的"朴素"源于模型的核心假设：**特征之间是条件独立的**。虽然这一假设在现实世界中往往难以完全成立，但正是这种简化，使得模型计算变得更加高效，同时模型自身也具备了极强的适应性。在许多场景中，即使这一假设并不完全准确，朴素贝叶斯模型依然能够取得令人惊叹的效果。

在以下的场景中，朴素贝叶斯模型都能够高效地完成分类任务。

新闻分类：假设我们收集了一些社交媒体上的新闻文章，目标是将它们自动分类为"科技""健康""经济"等主题。朴素贝叶斯通过计算每个单词在不同类别中的条件概率，快速完成分类。例如，那些含有"经济增长""股市"关键词的文章很可能被分类为"经济"主题。

公共服务需求预测：假设政府需要预测居民对公共服务（如教育、医疗、交通）的关注优先级情况。通过对居民问卷回答内容进行特征分析，朴素贝叶斯能够快速预测居民的主要诉求，为资源分配提供参考。

总体而言，朴素贝叶斯具有以下优点。

（1）简单高效：计算过程快捷，适合大规模数据集，尤其在资源有限的场景下表现优异。

（2）低资源需求：即使样本量较少，朴素贝叶斯也能提供稳定的结果。

（3）文本分类强：在文本分类和自然语言处理任务中，朴素贝叶斯的表现尤为突出。

不过，朴素贝叶斯也有以下局限。

（1）特征独立假设：模型假设特征之间是条件独立的，但在特征高度相关的场景下，这一假设会限制模型的表现。

（2）连续数据的处理：对于连续数据，需要进行离散化或假设其服从某种特定分布（如高斯分布），这可能会影响结果的准确性。

2.5.3　支持向量机（SVM）：寻找"最佳分割线"

支持向量机（SVM）是一种强大的机器学习模型，主要用于分类任务（也可以扩展到回归任务）。它的核心目标是找到一个最优的"超平面"，在特征空间中将不同类别的数据点分隔开，同时最大化分类边界两侧的间隔带（margin）。这种间隔的最大化使得模型在面对新数据时具有更强的稳健性和泛化能力。

为了直观理解SVM的工作原理，我们可以用一个二维平面上的点集作为示例。假设我们正在分析性别歧视的社会认知，收集了20位受访者的调查数据，根据他们的性别平等观念可以将受访者分为两类：支持性别平等（10人）和反对性别平等（10人）。

如果我们把受访者的职业背景（X轴）和政治倾向（Y轴）绘制在二维平面上，如图2-8所示。支持者（＋）主要分布在左侧和上方，反对者（■）主要分布在右侧和下方，支持向量机会试图找到一条尽可能远离这两类人群的数据分割线(即超平面)，以减小分类错误的可能性。

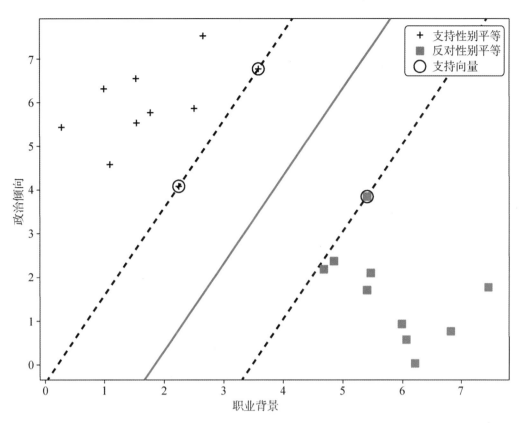

图2-8 支持向量机（SVM）划分不同观念人群

在支持向量机中有如下关键概念。

1.支持向量

支持向量是距离分割线最近的数据点。支持向量对分类边界起着决定性作用，可以看作分类结果的"关键参考点"。如图2-8所示，圈出的点即为支持向量。

2.分类边界

分类边界即超平面，是将不同类数据分开的最佳分割线。SVM会优化分类边界，使其距离支持向量尽量远。如图2-8所示，实线表示SVM计算出的分类边界（最优超平面），它将两类数据尽可能分开。虚线表示最大间隔，即支持向量（关键数据点）与分类边界的距离。

3.核函数

当数据无法通过线性分割时，SVM就会通过引入核函数（如高斯核、径向基函数核等）将数据映射到高维空间，并在高维空间中找到一个可以分割数据的超平面。

支持向量机背后的直觉原理是：离分类边界更远的数据点，更不容易被误分类。因此，SVM通过优化数学模型，找到一条"最优分割线"，确保数据点离这条分割线尽可能远，从而更好地适应未知数据，同时还可避免过拟合现象发生。

SVM的优势如下。

（1）应对高维数据：即使特征数量远大于样本数量（如文本数据中的词汇特征），SVM仍然能够表现良好。

（2）解决非线性问题：通过引入核函数，SVM可以将数据从低维映射到高维，从而在复杂的分布中找到更好的分类边界。

（3）具备可解释性：SVM的支持向量和分类边界都提供了明确的数学定义，使整个模型更为直观且易于理解。

支持向量机可以应用于如下场景。

社交媒体观点分类：如分析社交媒体用户对某项环保政策的态度。通过用户评论中所包含的情感特征（如关键词频率、语气词分布等），SVM便能将评论分为"支持"和"反对"两类，帮助决策者实时了解舆情动态。

就业流动性分析：分析不同职业群体之间的流动特性，例如利用年龄、教育背景和区域经济水平等变量信息，SVM可以从中识别出职业选择方面的关键分割点，为职业规划提供精确的建议。

健康行为模式分类：在健康数据中，SVM可用于区分不同生活方式（如久坐、不健康饮食等习惯）对疾病风险的影响，从而为精准健康干预提供参考。

尽管支持向量机非常强大，但也有一些局限性。

（1）计算复杂性：当SVM在处理大规模数据集时，其训练时间较长，尤其是在样本量和特征数都很高的情况下。

（2）对噪声敏感：如果数据中有很多异常点或噪声，那么SVM可能会受到干扰，影响分类效果。

（3）参数调节复杂：SVM的核函数和正则化参数的选择对模型的表现至关重要，在实际应用中需要通过反复试验才能找到最优设置。

总之，支持向量机是一种强大且灵活的分类工具，尤其适合解决高维和非线性问题。在社会科学领域，SVM不仅仅是一个技术工具，更是一个能帮助我们清晰识别群体分界和影响因素的分析助手。通过合理设置和优化，SVM可以为复杂社会现象的研究和分析工作提供精准的支持。

2.5.4　从监督学习到无监督学习：探索数据的更多可能性

机器学习可以帮助我们理解和分析数据，而不同的学习方法适合处理不同类型的数据。在众多学习方法中，监督学习和无监督学习是两种重要的学习范式，它们各自的核心思想和应用场景，不仅丰富了数据分析的工具箱，而且还为解决实际问题提供了多种多样的思路。

监督学习：监督学习依赖于**标注的数据集**来开展学习。数据集中不仅包含输入特征（如家庭收入、教育水平等），还包含与之相对应的输出标签（如贫困人口收入改善的幅度）。通过对这些标注数据的学习，模型能够识别输入与输出标签之间的关系，并对未知样本进行准确预测。

例如，假设我们有一组标注数据，记录了扶贫政策（如现金补贴、教育支持等）的投入情况及贫困人口收入改善的幅度。通过监督学习模型，可以预测未来政策对收入提升的效果，帮助优化资源分配。

无监督学习：无监督学习则并不需要标签数据，仅基于输入特征的分布来发现数据中的潜在结构和模式。

例如，通过分析社交媒体用户的点赞、收藏记录，模型可以将具有相似兴趣的人分到同一组，即使没有预先的分类标签。

无监督学习在社会科学领域的应用十分广泛，尤其是在需要从海量数据中提取信息时，它常常起到不可或缺的作用。其具体应用如下。

用户分类：根据消费者的购物习惯、浏览记录等行为数据，将用户划分为不同的兴趣群体。比如，将关注环保产品的消费者分为一组，并为他们定制相关的推荐策略。

模式发现：在公共管理研究中，通过无监督学习挖掘人口普查数据中的潜在群体特征（如不同职业、收入水平的细分群体），为管理层制定政策提供科学依据。

下面，我们来介绍一种经典的无监督学习算法，即K-Means聚类算法。其核心目标是将数据划分为 K 个相似的组（簇），通过不断优化簇中心的位置，使组内数据变得更加相似，与此同时，让不同组间差异变得更加显著。

我们通过一个城市发展模式分析的案例，将算法流程步骤与实际应用相互结合进行说明。

1. 选择簇的数量 K

假设我们想研究全国范围内的城市发展模式，依据每个城市的人均GDP、绿化覆盖率、工业占比、服务业占比等指标，将这些城市划分为 K 个群体。为了能够分析不同的发展模式，在这个案例中我们设定 $K=3$，分别代表三种可能存在的城市类型。这个 K 是我们要为K-Means聚类算法确定的超参数。

2. 随机选择 K 个初始点作为簇的中心（质心）

在数据空间中随机选择三个初始点，每个点代表一类城市的虚拟特征。注意，这个算法在一开始指定质心的时候并没有规定哪一个质心具体代表什么含义，这对于使用者来说大大降低了使用难度。

3. 将每个城市分配到距离最近的质心

每个城市的指标（如人均GDP、绿化覆盖率等）被用于计算其与每个质心之间的欧式距离。欧式距离是一种用来衡量两个点在多维空间中相互接近程度的几何距离，类似于二维平面上两点之间的直线距离。在这里，欧式距离用于评估城市指标与质心（即一个群体的中心点）之间的差异程度。通过这一过程，可以确保每个城市被分配到与其发展模式最相符的群体中。

4.重新计算每个簇的质心

对分组结果重新计算每个簇的质心。例如，所有被分到同一个簇中的城市，计算其特征（人均GDP、绿化覆盖率等）的平均值，并将这个平均值更新为新的质心。通过这种方式，质心能够更接近实际的分组情况。

5.重复分配和更新，直至分组稳定

持续重复步骤3和4，重新分配城市并更新质心，直到质心的位置不再发生变化为止。此时，分组结果稳定，聚类完成。

通过K-Means聚类，我们可以自动得到关于城市发展模式的清晰分类。尽管我们没有事先指定任何分类标准，但可以根据聚类结果进一步分析每种类型城市的特点。

第一类城市具有如下共同特点：产业结构以制造业和重工业为主，绿化覆盖率相对较低，经济以工业驱动为核心，可能代表了工业主导型城市。

第二类城市具有如下共同特点：产业结构以金融、科技和服务业为主，绿化覆盖率较高，经济更具可持续性，可能代表了服务业主导型城市。

第三类城市具有如下共同特点：工业和服务业占比接近，绿化覆盖率中等，发展模式兼顾经济增长与环境保护双重要求，可能代表了均衡发展型城市。

在上述城市发展现状分析的基础上，我们所进行的聚类分析还能为区域协调发展和资源配置提供决策依据。例如，为工业主导型城市（第一类城市）提供更多环保支持和政策引导；鼓励服务业主导型城市（第二类城市）探索新兴产业，加强科技创新能力；推广均衡发展型城市（第三类城市）的优秀实践经验，促进更多城市实现均衡发展。

通过上述案例，我们初步理解了K-Means聚类的工作原理，同时也见证了其在社会科学中的实际应用价值。K-Means聚类不仅是一种数据处理工具，更是揭示数据中隐含规律的重要方法，为我们解决各类问题提供了新的视角。

K-Means具有如下优点。

（1）简单高效：计算速度快，适合处理中等规模的数据集。

（2）应用广泛：从用户分群到图像压缩，K-Means聚类能够解决多种实际问题。

（3）易于解释：聚类结果直观，便于展示和分析。

但同时它也存在以下一些局限性。

（1）簇的数量需提前设定：研究者需要在建模前决定K值，选取不同的K值有可能导致不同的分组结果。

（2）对初始点敏感：初始质心的选择会影响最终结果，因此可能需要多次运行以获得最佳分组。

（3）无法处理复杂分布：K-Means 聚类假设每个簇是球状的，对于复杂形状的数据分布，该算法可能不适用。

总之，以 K-Means 聚类算法为代表的无监督学习为社会科学研究提供了更多的可能性，它无须依赖大量标注数据，也能从海量无标签数据中提取有价值的信息。无论是聚类分析还是模式发现，这些方法都能够帮助研究者以数据为基础，更加全面和深入地理解社会现象。在应用无监督学习时，能选择合适的算法和合理解释模型输出是关键，这也是挖掘数据价值的重要一步。

2.5.5　总结：经典机器学习模型的核心价值

在本节中，我们系统讲解了几种经典的机器学习模型，包括决策树、朴素贝叶斯、支持向量机（SVM）以及无监督学习中的 K-Means 聚类。对于每种模型，我们不仅介绍了其独特的理论背景和数学基础，还通过丰富的案例展示了其在社会科学领域所蕴藏的广泛应用潜力。

这些模型的核心价值在于，可为我们提供一套工具箱，帮助我们分析复杂的社会现象、预测未知的趋势以及发现数据中的隐藏模式。通过本节的学习，大家应该能够理解以下几点。

1. 模型的直观性与灵活性

◉ 决策树通过模拟人类的决策过程，帮助我们可视化复杂问题的分解与分析过程。

◉ 朴素贝叶斯通过简单高效的概率推断，为文本分类等任务提供了快速的解决方案。

◉ 支持向量机以精准的数学优化，帮助划定不同群体之间的分界，为复杂社会问题提供深入洞察。

◉ K-Means 聚类则通过数据分组揭示其蕴含的模式，为我们理解无标签数据中的结构提供了可能。

2. 实际应用的广泛性与针对性

◉ 从政策分析到教育公平性研究，再到社交媒体观点分类以及城市发展模式识别，各模型的应用场景覆盖了社会科学中的多个重要议题。

◉ 每个模型都有其特定的适用范围和优势，在具体研究中需要根据问题特点选择合适的工具。

3. 数据驱动的研究理念

◉ 机器学习的核心在于通过数据学习规律并进行预测，这也赋予了社会科学研究更强的量化分析能力。

◉ 模型的泛化能力（即对新数据的适应性）是评估其实际价值的重要指标，因此，合理的数据划分与模型选择尤为关键。

通过本节内容的学习，大家已经初步掌握了这些经典模型的基本原理、特点及其存在的局限性。这些知识将成为你进一步探索高级算法与应用的坚实基础。在未来的学习和实践中，希望大家能充分利用这些工具，深入分析复杂的社会现象，挖掘数据的潜在价值，为社会科学的研究赋能！

2.6 实战应用：经典机器学习模型的社会科学探索

在2.5节中，我们详细介绍了一系列经典机器学习模型的原理。接下来，我们将通过具体的代码案例介绍如何用Python和scikit-learn库来实现决策树、朴素贝叶斯、支持向量机和K-Means聚类这些经典模型在社会科学中的实际应用。通过本节的学习，能够帮助大家从理论走向实践，掌握如何将机器学习方法应用于社会数据的分析与探索工作中。

2.6.1 决策树：学生择业决策

以"学生择业决策"为例，使用决策树模型实现，目标是根据学生的特征（是否收入优先、职业发展潜力是否关键）预测其择业方向。

1.导入必要库

```
import pandas as pd
import numpy as np
from sklearn.tree import DecisionTreeClassifier, plot_tree
from sklearn.model_selection import train_test_split
from sklearn.metrics import accuracy_score
from sklearn.preprocessing import LabelEncoder
import matplotlib.pyplot as plt
```

2.数据准备

```
# 设置随机种子
np.random.seed(42)
# 数据生成函数
# 数据包含四个字段：收入意愿（0 或 1），职业发展（1~9），社会地位（1~9），职业选择（目标变量）
# 为了方便展示，我们在生成数据时制定了一些职业选择规则
```

```
# 返回一个包含 n_samples 样本的 DataFrame
def generate_data(n_samples=1000):
    data = [ ]
    for _ in range(n_samples):
        income_desire = np.random.randint(0, 2)
        career_potential = np.random.randint(1, 10)
        social_status = np.random.randint(1, 10)

        if income_desire == 1 and career_potential > 7:
            career = "IT"
        elif income_desire == 0 and social_status > 7:
            career = "Education"
        elif career_potential <= 3:
            career = "Sales"
        else:
            career = "Finance"
        data.append([income_desire, career_potential, social_status, career])

    return pd.DataFrame(data, columns=["Income Desire", "Career
    Potential", "Social Status", "Career Choice"])
# 生成数据
df = generate_data()


# 准备数据
X = df[["Income Desire", "Career Potential", "Social Status"]]
y = df["Career Choice"]


# 标签编码
# 将职业选择（字符串）转换为整数标签，方便模型处理，例如，IT → 0，
教育 → 1
label_encoder = LabelEncoder()
y_encoded = label_encoder.fit_transform(y)


# 划分训练集和测试集
```

```
# 将数据集划分为训练集和测试集:
# 80% 训练集:用于模型训练
# 20% 测试集:用于模型评估
# 设置 random_state=42 以保证数据划分的可重复性
X_train, X_test, y_train, y_test = train_test_split(X, y_encoded, test_size=
0.2, random_state=42)
```

3.决策树模型训练

```
# 创建决策树分类器
# criterion="entropy":使用信息增益(基于熵)作为分裂标准
# max_depth=3:限制树的深度为 3,防止过拟合
# random_state=42:确保模型的可重复性
# 训练模型:使用训练数据 X_train 和 y_train 拟合决策树
clf = DecisionTreeClassifier(
    criterion="entropy",
    max_depth=3,        # 限制树的深度
    random_state=42
)
clf.fit(X_train, y_train)
# 模型评估
# 预测:对测试集进行预测,生成预测结果 y_pred
# 准确率:使用 accuracy_score 评估预测结果与真实标签的匹配程度
y_pred = clf.predict(X_test)
print("Model Accuracy:", accuracy_score(y_test, y_pred))
```

4.可视化决策树

```
# 绘制决策树
# 可视化参数:
# feature_names:特征名称
# class_names:目标变量的类别名称(解码后的标签,如 IT、教育)
# filled=True:使用颜色填充节点,颜色深浅表示分类概率分布
# rounded=True:节点框为圆角矩形
```

```
plt.figure(figsize=(12, 8), dpi=100)
plot_tree(
    clf,
    feature_names=["Income Desire", "Career Potential", "Social Status"],
    class_names=label_encoder.classes_,
    filled=True,
    rounded=True,
    fontsize=8
)
plt.title("Student Career Choice Decision Tree", fontsize=12)
plt.show()
```

输出结果示例:

Model Accuracy: 0.915

学生择业决策树可视化示例如图2-9所示。

Student Career Choice Decision Tree

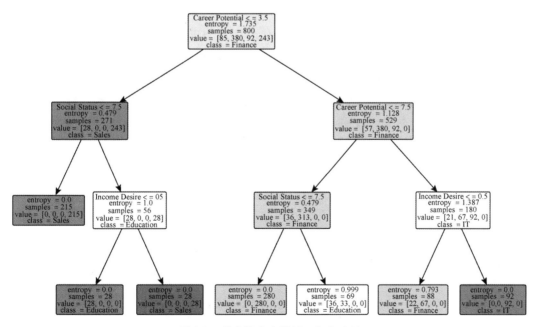

图2-9　学生择业决策树可视化示例

结果分析：

输出的预测准确率（model accuracy）可以衡量模型的性能。决策树中每个节点均会显示以下信息：

● 分裂条件 [如职业发展（career potential）$\leq$ 3.5]。

● 信息熵（entropy）。

● 节点样本数（samples）。

● 节点类别分布（value）。

● 主导类别（class）。

上述案例展示了如何使用决策树模型分析学生的择业数据，同时通过决策树直观的可视化效果帮助大家更好地理解决策过程。

2.6.2 朴素贝叶斯：新闻文本分类

以"中文新闻文章分类"为例，采用朴素贝叶斯模型来实现以下任务：根据新闻文章的中文内容，将其归类为"经济""体育"或"文化"这三个主题类别。在这一过程中，模型通过提取和分析中文文本的特征，来判断文章属于哪个主题类别。

1.导入必要库

```
import pandas as pd        #pandas: 用于处理表格数据，并将文本和类别
存储在表格中，便于操作
from sklearn.feature_extraction.text import TfidfVectorizer #将文本转化为
模型可理解的数字特征，基于每个词在文本中的重要性
from sklearn.model_selection import train_test_split
from sklearn.naive_bayes import MultinomialNB
from sklearn.metrics import accuracy_score
import jieba        #中文分词工具，将长文本分成有意义的词组
```

2.数据准备

```
# 定义数据
# 训练样本集中管理在一个字典中，以便统一管理和访问
# 为确保模型的训练效果，样本数量需要达到一定规模
data = {
    "文章内容": [
      # 经济类样本
      "股票市场再创新高，投资者信心增强",
```

"政府推出经济刺激计划，推动GDP增长",
"货币政策调整，金融机构降低贷款利率",
"制造业出口数据回升，经济复苏稳步推进",
"财政赤字削减计划获批，经济结构优化",
"银行业资产质量改善，股价普遍上涨",
"零售业销售额增长，消费信心大幅提升",
"投资基金业绩攀升，市场热情持续高涨",
"外资流入加速，高科技产业受益显著",
"财政部公布税收优惠政策，企业负担减轻",
"能源价格下降，工业生产成本显著降低",
"高新技术企业加速发展，创新驱动经济",
"国际贸易协定签署，出口总额大幅增加",
"房地产市场回暖，购房者需求明显上升",
"经济学家预测，未来通胀压力将继续缓解",
"资本市场活跃，投资者收益稳步提升",
"企业融资规模增加，经济增长潜力加大",
"区域经济协同发展，带动就业和消费",
体育类样本
"梅西在比赛中再次创造奇迹，球迷激动欢呼",
"田径比赛中，中国选手勇夺金牌",
"篮球世界杯激战正酣，各国队伍展现实力",
"网球名将夺得大满贯，创下职业新纪录",
"羽毛球双打比赛中，中国组合成功夺冠",
"滑雪赛季开启，国际赛事热度攀升",
"足球联赛争夺激烈，球队备战紧张有序",
"游泳世锦赛中，世界纪录频频被打破",
"排球锦标赛决赛上，东道主队大放异彩",
"赛车手在F1比赛中勇夺冠军，引发热议",
"奥运会闭幕式上，各国代表团欢庆佳绩",
"体育明星公益活动，积极推广健康生活",
"电竞比赛奖金创新高，全球选手共襄盛举",
"乒乓球赛场上，中国队再创辉煌战绩",
"登山队员成功登顶珠峰，挑战极限高度",
"奥运健儿拼搏精神感动观众",

```
        "篮球赛事频频爆冷，赛场局势扑朔迷离",
        "足球明星转会引发热议，转会费创纪录",
        # 文化类样本
        "文学节精彩开幕，作家新作引发广泛讨论",
        "传统戏曲演出吸引观众，文化遗产焕发活力",
        "博物馆推出年度特展，艺术珍品震撼亮相",
        "电影节红毯星光熠熠，新片首映反响热烈",
        "现代舞剧演出成功，观众席掌声不断",
        "古籍修复工作完成，珍贵文化资源得以保存",
        "油画大师展览开幕，艺术爱好者蜂拥而至",
        "非遗手工艺展览传承文化，工匠技艺令人惊叹",
        "诗歌朗诵大赛上，参赛者情感表达淋漓尽致",
        "雕塑艺术大展举办，观众欣赏文化精髓",
        "歌剧节盛大启幕，经典曲目感动人心",
        "摄影艺术作品展出，捕捉生活中的美好瞬间",
        "话剧演员表现出色，作品主题引发深思",
        "文物考古发现惊人，学术界掀起研究热潮",
        "音乐剧票房大卖，观众热情高涨",
        "传统文化艺术展览热度攀升",
        "新锐导演电影上映，引发观影热潮",
        "文艺作品获得国际奖项，文化影响力提升"
    ],
    "类别": [
        # 类别标签与内容一一对应
        "经济"] * 18 + ["体育"] * 18 + ["文化"] * 18
}
```

3. 数据预处理

```
# 转换为 DataFrame
df = pd.DataFrame(data)


# 分词函数：使用 jieba 进行中文分词
# 示例："股票市场再创新高，投资者信心增强" -> "股票 市场 再 创 新高，
```

投资者 信心 增强"。

```python
def tokenize(text):
    return " ".join(jieba.cut(text))


# 对文章内容进行分词处理
df["文章内容"] = df["文章内容"].apply(tokenize)


# 特征提取
vectorizer = TfidfVectorizer(
    ngram_range=(1, 2),      # 捕捉单词和短语
    max_features=5000,       # 增加特征数量
    stop_words=None          # 不移除停用词
)
X = vectorizer.fit_transform(df["文章内容"])
y = df["类别"]


# 划分训练集和测试集
# 将数据集随机分为两部分：训练集（70%）和测试集（30%）
# stratify=y：确保每类的比例在训练集和测试集中均保持一致
X_train, X_test, y_train, y_test = train_test_split(
    X, y, test_size=0.3, random_state=42, stratify=y
)
```

4.训练朴素贝叶斯模型

```python
# 使用朴素贝叶斯分类器
# alpha=0.5：调整模型的平滑参数，避免过度依赖稀疏数据
model = MultinomialNB(alpha=0.5)  # 设置平滑参数 alpha
model.fit(X_train, y_train)
```

5.预测并评估模型性能

```python
# 预测并评估模型性能
y_pred = model.predict(X_test)
```

```
print("模型准确率:", accuracy_score(y_test, y_pred))
```

6.用新文章来评估模型

```
# 测试新文章
new_articles = [
    "股市波动加剧，投资者需谨慎操作，金融监管政策或将调整",
    "世界杯赛场精彩纷呈，各国球队展开激烈角逐，球迷热情高涨",
    "博物馆新展览展出多件珍贵文物，吸引大量参观者感受文化魅力"
]
# 对新文章进行分词处理
new_articles_tokenized = [tokenize(article) for article in new_articles]

# 将分词后的新文章转换为特征矩阵
new_articles_vectorized = vectorizer.transform(new_articles_tokenized)

# 使用模型进行预测
predictions = model.predict(new_articles_vectorized)
proba = model.predict_proba(new_articles_vectorized)

# 输出预测结果
for idx, article in enumerate(new_articles):
    print(f"文章: {article}")
    print("预测概率分布:", dict(zip(model.classes_, proba[idx])))
    print(f"预测分类: {predictions[idx]}")
```

输出结果示例:

```
模型准确率: 0.8235294117647058

文章: 股市波动加剧，投资者需谨慎操作，金融监管政策或将调整
预测概率分布: {'体育': 0.24216539640957843, '文化': 0.22465151251026458,
'经济': 0.5331830910801572}
预测分类: 经济
```

文章: 世界杯赛场精彩纷呈，各国球队展开激烈角逐，球迷热情高涨

预测概率分布: {'体育': 0.5011621395699584, '文化': 0.27840063769859624, '经济': 0.22043722273144606}

预测分类: 体育

文章: 博物馆新展览展出多件珍贵文物，吸引大量参观者感受文化魅力

预测概率分布: {'体育': 0.23957857710308605, '文化': 0.5368353782676241, '经济': 0.22358604462928958}

预测分类: 文化

结果分析:

模型输出的准确率可以衡量模型的性能优劣。如果要处理文本数据，则需依次进行以下操作：①准备并清洗数据；②提取文本特征；③使用机器学习模型进行训练；④评估模型性能并测试新数据。

上述案例展示了如何使用朴素贝叶斯模型分析新闻文本数据，进行中文文本的分类，展现了朴素贝叶斯模型在处理文本分类问题时的高效性和适用性。

2.6.3 支持向量机：健康行为分类

以"健康行为分类"为例，使用支持向量机模型来实现相应目标。该目标是基于个人的各类健康行为特征，如锻炼频率（Exercise Frequency）、饮食习惯（Diet Habits）、睡眠时长（Sleep Duration），预测他们的健康风险（Health Risk）等级。健康风险等级可分为高风险（High Risk）、中风险（Medium Risk）和低风险（Low Risk）。

1.导入必要库

```
import pandas as pd
from sklearn.model_selection import train_test_split
from sklearn.svm import SVC
from sklearn.preprocessing import StandardScaler    #数据标准化
from sklearn.metrics import accuracy_score
import numpy as np
```

2.数据准备

```
# 模拟健康行为数据（引入噪声）
```

```
np.random.seed(42)
data = {
    "Exercise Frequency": [5, 3, 4, 1, 0, 2, 3, 4, 6, 5, 2, 0, 1, 5, 4, 3, 6, 7, 1],
    # 每周锻炼次数
    "Diet Habits": [9, 8, 7, 4, 3, 5, 6, 8, 10, 9, 5, 3, 4, 9, 7, 6, 10, 9, 4],
    # 健康饮食评分(满分为10分)
    "Sleep Duration": [7, 6, 8, 5, 4, 6, 7, 8, 9, 8, 6, 4, 5, 7, 8, 6, 9, 8, 5],
    # 每晚平均睡眠时长(小时)
    "Health Risk": ["Low Risk", "Medium Risk", "Low Risk", "High Risk",
    "High Risk", "Medium Risk", "Medium Risk", "Low Risk", "Low Risk",
    "Low Risk","Medium Risk", "High Risk", "High Risk", "Low Risk",
    "Low Risk", "Medium Risk", "Low Risk", "Low Risk", "High Risk"]
}
# 转换为 DataFrame 并引入噪声
# 目的:引入少量随机噪声,使数据更贴近现实
# 在现实中,测量行为数据往往存在误差或波动,例如,锻炼频率可能会受
外界因素(如天气、时间安排)的影响而有所不同
# 高斯噪声:np.random.normal(0, σ) 可生成均值为 0、标准差为 σ 的随机数
这里的噪声值较小(为 0.5 或 0.3),不会显著改变数据趋势,但能增加分析
难度
df = pd.DataFrame(data)
df["Exercise Frequency"] = df["Exercise Frequency"] + np.random.normal(0,
0.5, len(df))
df["Diet Habits"] = df["Diet Habits"] + np.random.normal(0, 0.5, len(df))
df["Sleep Duration"] = df["Sleep Duration"] + np.random.normal(0, 0.3, len
(df))

# 数据特征和标签
X = df[["Exercise Frequency", "Diet Habits", "Sleep Duration"]]  # 输入特征
y = df["Health Risk"]                          # 输出标签

# 数据标准化
# 为什么需要标准化:
# 不同特征的量纲(单位)可能差异较大,例如,"锻炼频率"的范围是 0~7,
```

"饮食习惯"是0~10,"睡眠时长"是0~9。

```
# 为了让模型对每个特征给予均等的关注,就需要将它们转换到同一尺度
(均值为 0,标准差为 1)
scaler = StandardScaler()
X_scaled = scaler.fit_transform(X)


# 划分训练集和测试集
# 将数据随机分为训练集(70%)和测试集(30%)
X_train, X_test, y_train, y_test = train_test_split(X_scaled, y, test_size=0.3,
random_state=42)
```

3.训练支持向量机模型

```
# 创建并训练支持向量机分类器
# 核函数(kernel="rbf"):选择径向基核函数,能够处理复杂的分类边界问题
# 参数:
# C=1:控制模型复杂度,较小的值可以降低过拟合风险
# gamma=1.0:影响单个样本对分类边界的影响范围
svm_model = SVC(kernel="rbf", C=1, gamma=1.0)  # 调整参数降低复杂度
svm_model.fit(X_train, y_train)
```

4.预测并评估模型性能

```
# 测试模型
y_pred = svm_model.predict(X_test)
# 输出结果
print("Model Accuracy:", accuracy_score(y_test, y_pred))
```

5.用新样本来评估模型

```
# 新样本测试(覆盖所有健康风险类型)
new_individuals = [
    [6, 9, 8],  # 偏向低风险(Low Risk)
    [3, 6, 6],  # 偏向中风险(Medium Risk)
```

```
    [1, 3, 4]  # 偏向高风险（High Risk）
]
new_individuals_scaled = scaler.transform(new_individuals)

# 预测健康风险
predictions = svm_model.predict(new_individuals_scaled)

# 输出预测结果
for features, risk in zip(new_individuals, predictions):
    print(f"Health Behavior: Exercise Frequency={features[0]:.1f}
    times/week, Diet Score={features[1]:.1f}, Sleep Duration={features[2]:.1f}
    hours --> Health Risk: {risk}")
```

输出结果示例：

```
Model Accuracy: 0.8333333333333334
Health Behavior: Exercise Frequency=6.0 times/week, Diet Score=9.0, Sleep
Duration=8.0 hours --> Health Risk: Low Risk
Health Behavior: Exercise Frequency=3.0 times/week, Diet Score=6.0, Sleep
Duration=6.0 hours --> Health Risk: Medium Risk
Health Behavior: Exercise Frequency=1.0 times/week, Diet Score=3.0, Sleep
Duration=4.0 hours --> Health Risk: High Risk
```

结果分析：

输出的模型准确率（Model Accuracy）可以衡量模型的性能。其核心逻辑为：①SVM 使用高维空间的超平面将"低风险""中风险"和"高风险"的人群区分开。②径向基核函数（RBF）具备处理复杂的非线性边界问题的能力。从这个案例中，我们可以体会到支持向量机模型能处理复杂的健康行为数据，捕捉潜在的非线性关系，同时也能提供可解释的分类边界，有助于健康行为的理解与改善。

通过这个案例，大家可以理解 SVM 如何利用数学优化寻找最佳分类边界，并在健康数据分析中发挥实际价值。

2.6.4 K-Means 聚类：城市空气质量分级分析

以"城市空气质量分级分析"为例，根据各城市的空气质量指标（如PM2.5浓度、PM10浓度和SO₂浓度），利用K-Means聚类算法将城市划分为不同的空气质量等级（例如，常见的高污染、中等污染、低污染分级标准）。通过这种分级分析，可以为环保政策的制定提供数据支持和决策依据。

1. 导入必要库

```
import pandas as pd
from sklearn.cluster import KMeans
from sklearn.preprocessing import StandardScaler
import matplotlib.pyplot as plt
```

2. 准备数据

模拟一组城市的空气质量数据。

```
# 模拟城市空气质量数据
# 构造一个简单的数据集，表示10个城市的空气质量指标，包括：
# PM2.5：细颗粒物的浓度，反映城市空气污染水平
# PM10：可吸入颗粒物浓度
# SO2：反映工业排放二氧化硫对空气质量的影响
data = {
    "City": ["City A", "City B", "City C", "City D", "City E", "City F",
    "City G", "City H", "City I", "City J"],
    "PM2.5": [50, 80, 30, 70, 90, 20, 110, 60, 40, 100],  # PM2.5 浓度 (微克/
    立方米)
     "PM10": [70, 100, 50, 90, 120, 40, 150, 80, 60, 140],  # PM10 浓度 (微
        克/立方米)
    "SO2": [10, 20, 5, 15, 25, 3, 30, 12, 8, 28],  # 二氧化硫浓度 (微克/立
    方米)
}

# 转换为 DataFrame
# 使用pandas.DataFrame存储这些数据，便于后续的分析
df = pd.DataFrame(data)

# 输入特征
X = df[["PM2.5", "PM10", "SO2"]]
```

3. 数据标准化

```
# 数据标准化
# 为什么需要标准化：
# 不同空气指标的量纲（单位）不同，例如，PM2.5 和 PM10 的浓度一般
较高，而二氧化硫浓度相对较低
# 如果不进行标准化，算法可能会过度关注值较大的特征，而忽视了其他特征
# 标准化方法：
# 将每个特征的值转换为均值为 0、标准差为 1 的标准正态分布，使所有特
征能在同一尺度下得到处理
scaler = StandardScaler()
X_scaled = scaler.fit_transform(X)
```

4. 使用肘部法确定簇的数量

```
# 确定最佳簇数
# K-Means 聚类是一种无监督学习算法，可用于将数据分组（或分类）到多
个簇中
# 算法会根据特征值的相似性，将城市分为不同的"空气质量等级"
# 簇内误差平方和（inertia）：衡量每个数据点到其簇中心之间的距离的平
方和，反映簇内数据点的紧密程度
# 较小的误差平方和表示数据点分组更紧凑
# 肘部法：
# 绘制误差平方和随簇数变化的图形，从图形中寻找到"肘部"，即误差减小
幅度明显变小的位置
# 肘部所对应的簇数是合理的聚类数量
inertia = [ ]
K_range = range(1, 11)

for k in K_range:
    kmeans = KMeans(n_clusters=k, random_state=42)
    kmeans.fit(X_scaled)
    inertia.append(kmeans.inertia_)

# 绘制肘部图
```

```
plt.figure(figsize=(8, 5))
plt.plot(K_range, inertia, marker='o')
plt.xlabel("Number of Clusters (K)")
plt.ylabel("Inertia")
plt.title("Elbow Method to Determine Optimal Number of Clusters")
plt.grid()
plt.show()
```

5.训练 K-Means 模型

根据肘部图确定最佳簇数（假设簇数为 3）。

```
# 使用 K-Means 进行聚类
# 将城市划分为 3 类，每一类对应一个空气质量等级
kmeans = KMeans(n_clusters=3, random_state=42)
kmeans.fit(X_scaled)

# 获取聚类结果
# kmeans.labels_ 是每个城市对应的聚类标签
df["Air Quality Level"] = kmeans.labels_
```

6.可视化聚类结果

选择两个特征（如 PM2.5 和 PM10）来进行可视化展示。

```
# 聚类可视化
# 可视化目的：
# 通过散点图展示各城市在 PM2.5 和 PM10 这两个维度上的分布情况
# 不同形状代表不同的空气质量等级
plt.figure(figsize=(8, 6))

# 使用不同形状绘制各类城市
markers = ['o', '^', 's']  # 不同空气质量等级对应的点形状
for cluster in range(3):
    cluster_data = df[df["Air Quality Level"] == cluster]
    plt.scatter(
```

```
        cluster_data["PM2.5"],
        cluster_data["PM10"],
        label=f"Air Quality Level {cluster}",
        s=100,
        marker=markers[cluster]
    )

plt.xlabel("PM2.5 Concentration (μg/m³)")
plt.ylabel("PM10 Concentration (μg/m³)")
plt.title("City Air Quality Classification")
plt.legend()
plt.grid()
plt.show()
```

7.分析聚类结果

```
# 按等级计算特征均值
# 作用：计算每个空气质量等级的平均值，帮助大家理解各等级的特征
# 例如：
# 等级 0 可能是空气质量较差的城市，PM2.5 和 PM10 浓度均较高
# 等级 2 可能是空气质量较好的城市，污染指标较低
# 解释：
# 表格展示每个等级在 PM2.5、PM10 和二氧化硫指标上的平均浓度
# 这种统计信息有助于为每个空气质量等级的定义提供依据
cluster_summary = df.groupby("Air Quality Level")[["PM2.5", "PM10",
"SO2"]].mean()

print("Feature Means for Each Air Quality Level:")
print(cluster_summary)
```

输出结果示例：

```
Feature Means for Each Air Quality Level:
                PM2.5 PM10        SO2
```

Air Quality Level			
0	100.0	136.666667	27.666667
1	35.0	55.000000	6.500000
2	70.0	90.000000	15.666667

用肘部法确定最佳簇的数量示意如图2-10所示。图2-11展示了如何通过散点图显示各城市在PM2.5和PM10这两个维度上的分布情况。

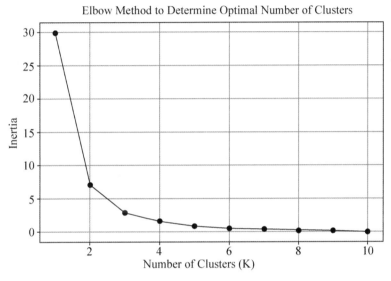

图2-10　用肘部法确定最佳簇的数量示意

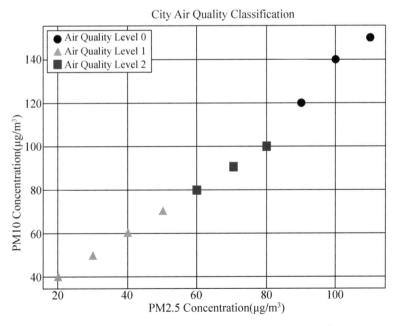

图2-11　聚类可视化：城市PM2.5与PM10的散点分布

使用K-Means聚类分析的一般步骤如下：①准备数据；②用肘部法选择最佳聚类数；③利用 K-Means 聚类对城市进行分组，并进行可视化展示；④通过统计均值总结每个等级的特征。此分析过程可以应用于其他领域，如消费者分群、风险分类等。

通过无监督学习方法（如 K-Means），我们能从未标注的数据中发现一些规律，提供有价值的洞察。例如：

环保政策制定：针对高污染城市（等级 0），制定严格的排放控制政策；针对中等污染城市（等级 1），引导企业逐步改善环保措施。

公众健康保护：提供不同等级城市的健康防护建议，如避免在高污染区域进行长时间的户外活动。

通过这些案例，大家可以掌握 K-Means 聚类在城市空气质量分析中的相关应用，并理解聚类的实际意义和操作步骤。

2.7　过拟合：模型学习的"刻板印象"陷阱

在社会科学研究中，我们常常会面临这样一个挑战：如何从有限的数据中提炼出真实的社会规律？机器学习模型就像一个试图理解社会复杂性的研究者，它既不能过于简单，也不能过于武断。过拟合是机器学习模型中一个普遍且重要的问题，尤其是在社会科学领域，由于数据复杂性高且样本规模有限，模型经常会"记住"训练数据而忽略了真正的规律，从而失去对新数据的预测能力。在这一部分，我们将综合介绍过拟合的概念、成因、表现及解决方案，帮助大家全面理解这一问题及其应对策略。

2.7.1　过拟合的概念

过拟合指模型在训练数据上表现优异，但在测试数据或未见过的新数据上却表现不佳。可以将其比喻为一个不善于归纳的研究生，这个研究生读了大量的文献，却只记住了浅显的细节，无法洞察更深层次的社会机制。

想象你正在研究大学招生的影响因素。一个过拟合的模型就像一个只关注个别案例的研究者，他会说："看，这个学生因为参加了三个学生社团就被录取了！"但实际上，这只是特定样本中的偶然现象，并不代表普遍规律。这种研究者（或模型）犯了同一个错误，即混淆了个案的特殊性与普遍性。他们试图从零星细节中构建宏大叙事，却忽视了社会现象的复杂性和多样性。

我们通过一个简单的数据点分类实验来生动展现过拟合的本质。假设要使用模型区分两种形状的数据点，图 2-12 呈现了三条分类线的情况：一条复杂的曲线（这是过拟合的典型代表）、一条简单的直点线（呈现出欠拟合的状态）以及一条适中的斜实线（接近最优模型）。

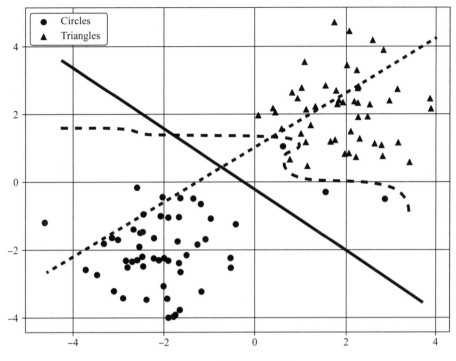

图 2-12　三种分类线示意

首先，复杂的曲线与训练数据完美贴合，就连所有异常点也囊括其中。虽说它能将训练数据完整"记住"，可模型复杂程度太高，泛化能力不足。就好像一位只见树木不见森林的学者，表面看似完美，实际却很肤浅。

其次，简单的直点线虽然分类规则非常简洁，但未能有效地捕捉到数据的内在分布规律。因此，它无法很好地区分两种形状的数据点。这种表现如同一位刚入门的新手研究者，对数据的理解不够深刻。

最后，适中的斜实线虽然在训练数据中存在少许"错误"，但其线条平滑、简洁，用于预测未知数据的效果更佳，如同一位富有学术智慧的研究者，低调却有深度。

通过这个例子，我们可以总结出机器学习的三种模式。

（1）过拟合：对训练数据"死记硬背"，对新情境的理解和适应能力不足，就像一个只会背诵而不会思考的学生。因此，过拟合的模型必定缺乏对新数据的泛化能力。

（2）欠拟合：过于简单、粗糙，无法捕捉数据的基本规律，如同一个刚入门的研究者。因此，欠拟合无法很好地拟合训练数据和测试数据，并且在两者中的表现均较差。

（3）最优模型：复杂度恰到好处，既尊重数据细节，又保持理论抽象，犹如一位经验丰富、洞察力强的学者。这类模型复杂度适中，既能在训练数据上表现良好，也能在测试数据上准确预测。

理解这三种模式之间的平衡，正是机器学习中最为关键的技艺。它不仅是一种技术挑战，更是一种认识论的追求：如何在纷繁复杂的数据中，既保持敏感性，又不迷失理性？这种平衡，正是优秀研究的本质。无论是机器学习模型，还是社会科学研究，都需要在细节与整体、个案与普遍性之间找到微妙的平衡点。

2.7.2　过拟合的成因：理解模型的"盲点"

过拟合本质上是模型复杂性与数据量之间的一种不平衡状态，这在社会科学研究中尤为突出，既体现了领域数据的复杂性，也暴露了研究方法的局限性。社会科学研究常常面临样本有限、噪声较多、模型选择复杂等问题，使得过拟合成为一个普遍且需要警惕的现象。

首先，样本的局限性是过拟合的主要诱因之一。在社会科学研究中，样本量往往有限，且缺乏充分的代表性。例如，用几个城市的数据推断整个国家的社会现象，就如同从一个人的朋友圈推测整个社会的文化结构，这种不均衡的数据采样容易导致模型对训练样本的"记忆"超过对普遍规律的学习。

其次，社会数据中的噪声和异常点为过拟合提供了滋生的土壤。社会科学研究的数据来源多样，如调查问卷、访谈记录、社交媒体内容等，这些数据常常伴随着受访者的偏差、记录误差或其他随机性噪声。过拟合的模型会将这些偶然性因素错误地识别为数据规律，类似于一个理论家试图用个别案例为复杂社会现象定论，结果却被细节牵着鼻子走。

最后，模型复杂性的诱惑加剧了过拟合的风险。在追求研究精确性的驱动下，研究者往往倾向于使用复杂的模型，希望捕捉到更多细节。然而，过于复杂的模型就像一位面面俱到的理论家，力图解释每一个细节，最终却忽略了对大局的把握。例如，使用高阶多项式拟合简单的数据集，尽管训练数据的表现完美，但在测试数据上往往效果欠佳。

因此，过拟合不仅是技术上的问题，也是社会科学研究中方法论的陷阱。有限的数据样本、复杂的社会现象以及模型选择的困难共同塑造了这一现象，使得研究者在建模时需要更加关注数据质量、样本代表性和模型复杂度的平衡，以避免在解释现象时"因噎废食"。

为了能更直观地理解这些问题，我们引入学习曲线这一诊断工具。学习曲线就像模型学习过程的心电图，能揭示模型的健康状况。通过绘制模型在训练数据和测试数据上的误差曲线，我们可以观察模型的表现：

- 如果训练误差小、测试误差大，则说明模型可能过拟合。
- 如果两者误差都大，则可能是欠拟合。
- 最优模型表现为两条曲线之间的差距较小且误差较小。

2.7.3　应对过拟合：模型优化与泛化能力平衡

解决过拟合这一问题，就是在模型的复杂性和解释力之间找到平衡，这与社会科学研究的本质非常相似。以下是几种应对过拟合问题的方法。

1.增加数据量

数据量不足是导致过拟合的重要原因。通过收集更多样本，注意数据的代表性和多样性，模型能更好地捕捉数据分布的整体规律，进而减少对噪声的依赖。例如，扩大问卷调查的样本覆盖面或使用多来源的数据，都可以有效降低过拟合的风险。

2.降低模型复杂度

复杂的模型通常更容易出现过拟合问题。通过减少不必要的特征数量、谨慎使用高阶多项式等复杂模型（如用线性回归替代高阶多项式回归），就可以控制模型的复杂度，使其更专注于数据的核心规律。

3.正则化

在模型中添加正则化项，可以限制参数的大小，从而避免模型过于复杂，就像给模型添加了一层"理性约束"。

◉ L1正则化（LASSO回归）：将部分参数缩减为0，从而自动选择特征，简化模型结构。这就像是一名严格的编辑，直接删除不重要的特征。

◉ L2正则化（岭回归）：让参数趋于0但不为0，使模型更加平滑，降低过拟合的风险。它像是一个温和的顾问，轻轻约束所有参数。

4.早停

在训练模型时，需要观察学习曲线。如果测试误差在训练后期开始上升（即模型开始过拟合），则可以在误差最低点提前停止训练，这样就能有效避免过拟合的出现。

5.数据清洗

异常点或噪声是过拟合的主要诱因之一。通过清洗数据（如去除明显的异常值或错误标签），可以帮助模型更好地学习数据的主要特征。

6.交叉验证

使用交叉验证划分数据集，可将训练集、验证集和测试集分开。验证集用于优化超参数和模型选择，测试集则用来对模型性能进行最终评估。交叉验证类似于学术同行评议，通过多次、多角度地检验模型，确保其稳健性，可以帮助我们更可靠地选出最优模型。

通过深入理解过拟合现象，我们可以在模型训练中更加精准地权衡复杂性与泛化能力，从而构建出既准确又稳定的机器学习模型。然而，过拟合并不仅仅是一个技术问题，它更是一种认识论上的挑战。它提醒我们：不要被局部数据所迷惑；保持开放和批判性的思维；努力理解复杂性，同时避免在细节中迷失方向。

对于社会科学领域的学习者和研究者而言，了解过拟合的本质及其影响，意味着在研究过程中要培养一种更加谨慎、辩证的态度。只有在方法论上保持清醒的认识，我们才能在多变的社会现象中找到普遍规律，从而在复杂的社会数据中挖掘真正有价值的洞见。

2.8　案例分析：研究生招生预测模型中的过拟合问题

想象你是一所大学负责研究生招生的导师，希望建立一个模型来预测学生的录取概率。我们使用三个主要特征：课外活动表现、学术成绩、推荐信质量。

在机器学习中，过拟合就像一位过度热情的导师，试图从极少的信息中得出过于复杂的结论。在我们的招生模型中，过拟合意味着模型会对训练数据中的噪声和细微变化过于敏感，导致其在新的、未见过的数据上表现欠佳。我们将通过招生预测模型，生动地展示过拟合的发生过程。这个案例不仅能揭示机器学习的技术细节，更能反映数据驱动研究中的认知陷阱。

2.8.1　过拟合的出现

1.模拟招生数据

我们首先模拟招生数据，为了便于大家观察可视化结果，这里仅使用一个特征，即课外活动表现（extracurricular performance）来进行模拟和预测录取概率（admission probability）。

```
import numpy as np
import matplotlib.pyplot as plt
from sklearn.preprocessing import PolynomialFeatures
from sklearn.linear_model import LinearRegression
from sklearn.metrics import r2_score

# 模拟招生数据：学生课外活动表现特征与录取概率
np.random.seed(42)

# 生成具有更多非线性特征和更大噪声的数据
def generate_admission_data():
    X = np.linspace(0, 10, 15).reshape(-1, 1)
    y = (
        30
```

```
        + 5 * X.flatten()
        + 0.8 * X.flatten()**2  # 增强二次项权重
        - 0.5 * X.flatten()**3  # 增强三次项权重
        + 0.05 * X.flatten()**4  # 添加四次项
        + np.random.normal(0, 15, X.shape[0])  # 噪声增大
    )
    return X, y


# 数据生成
X, y = generate_admission_data()
```

2.定义模型拟合和可视化函数

我们定义一个函数，该函数能适应不同复杂度的模型拟合和可视化需求。当输入特征数据和对应的录取概率时，该函数可以对不同复杂度的模型进行训练，并且进行相应的可视化操作。

```
# 定义模型拟合和可视化函数
def fit_and_plot(X, y, degree):
    poly_features = PolynomialFeatures(degree=degree)
    X_poly = poly_features.fit_transform(X)

    # 训练模型
    model = LinearRegression()
    model.fit(X_poly, y)

    # 计算 R^2
    score = r2_score(y, model.predict(X_poly))
    # 屏幕打印输出 R^2
    print(f"{degree}-degree polynomial fitting (R^2 = {score:.4f})")

    # 可视化拟合效果
    plt.figure(figsize=(8, 6))
    plt.scatter(X.flatten(), y, color="blue", label="Actual data")
```

```
# 生成平滑的预测曲线
X_plot = np.linspace(X.min(), X.max(), 100).reshape(-1, 1)
X_plot_poly = poly_features.transform(X_plot)
y_plot = model.predict(X_plot_poly)

plt.plot(X_plot, y_plot, color="red", label=f"{degree}-degree polynomial")
plt.title(f"{degree}-degree polynomial (R^2 = {score:.4f})")
plt.xlabel("Extracurricular performance")
plt.ylabel("Admission probability")
plt.legend()
plt.show()
```

3.简单模型：线性回归

我们可使用线性回归模型来拟合数据，看它能否描述课外活动表现和录取概率之间的关系。

```
# 拟合一次多项式
fit_and_plot(X, y, degree=1)  # 线性拟合
```

输出结果示例：

```
1-degree polynomial fitting (R^2 = 0.5375)
```

线性回归的拟合效果如图2-13所示。

结果分析：

R^2 值较小，拟合效果较差，无法捕捉到数据的非线性趋势。

4.复杂模型：二次多项式回归

为了提高模型的表现，我们尝试增加模型复杂度，将特征扩展为二次多项式回归拟合。

```
fit_and_plot(X, y, degree=2)  # 二次拟合
```

输出结果示例：

2-degree polynomial fitting (R^2 = 0.7091)

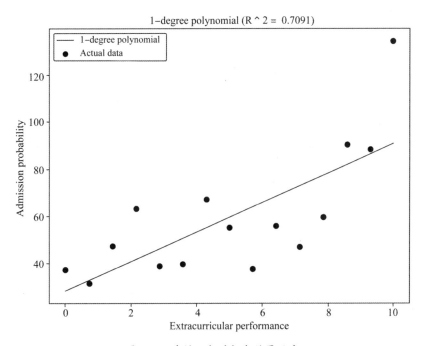

图2-13 线性回归的拟合效果示意

二次多项式回归拟合的效果如图2-14所示。

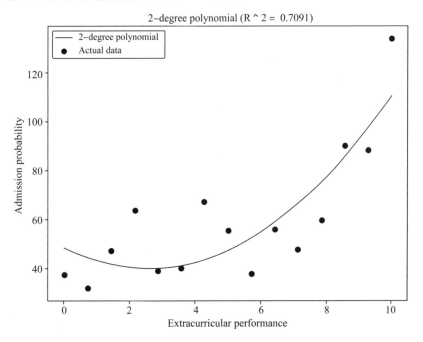

图2-14 二次多项式回归的拟合效果示意

结果分析：

模型对训练数据的拟合效果有所提升，能捕捉到部分数据的二次关系。

5.更复杂模型：六次多项式回归

进一步增加模型复杂度，将特征扩展为六次多项式回归拟合。

```
fit_and_plot(X, y, degree=6)  # 六次拟合
```

输出结果示例：

```
6-degree polynomial fitting (R^2 = 0.8652)
```

六次多项式回归拟合的效果如图2-15所示。

结果分析：

R^2值显著提高，能较好拟合数据的高阶非线性趋势，但同时也带来了过拟合的风险。

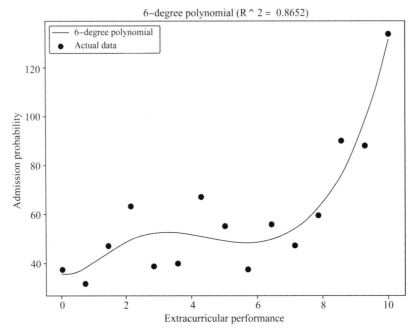

图2-15　六次多项式回归的拟合效果示意

从上面的示例中我们可以发现如下规律。

简单模型：线性关系

⬤ 假设：课外活动数量线性影响录取概率；

⬤ 技术特征：一次多项式回归；

◉ 社会科学解读：过于简单化的因果假设。

中等复杂度：非线性关系

◉ 假设：课外活动数量对录取概率存在非线性影响（如边际效应递减）；

◉ 技术特征：二次多项式回归；

◉ 社会科学解读：引入了非线性因素，更贴近现实情况，但仍未充分考虑多特征交互影响。

高复杂度：高阶非线性关系

◉ 假设：课外活动数量对录取概率存在复杂的高阶非线性影响（如某些区间内反常变化）；

◉ 技术特征：六次多项式回归；

◉ 社会科学解读：模型过于复杂，可能存在过拟合风险，难以推广到新数据。同时，高阶非线性关系可能难以通过社会科学理论进行合理解释，模型的可解释性下降。

我们还可以进一步推知以下结论。

第一，R^2 不是万能标准：高 R^2 未必意味着高质量模型，要警惕"完美拟合"的学术陷阱。

第二，模型复杂度的社会学意义：这反映研究者对现实复杂性的理解程度，我们需要平衡解释力与简约性。

第三，数据驱动的局限性：仅依赖数据可能忽视理论洞察，可以进一步结合社会学理论与定性研究。

2.8.2　学习曲线：检测过拟合

学习曲线可以帮助我们更直观地检测模型是否过拟合。它可以展示模型在训练数据和测试数据上的表现变化。

虚线（训练集分数）：反映模型在训练数据上的表现。

实线（测试集分数）：反映模型在未见过的数据上的表现。

如果训练分数较高但测试分数较低，则模型可能存在过拟合。

1.定义招生数据模拟函数

我们首先模拟招生数据，这里我们进行更接近真实情况的模拟，特征包括：课外活动表现、学术成绩、推荐信质量。特征通过不同的分布生成并加上随机噪声以模拟现实中的不确定性。

```
import numpy as np
import matplotlib.pyplot as plt
```

```
from sklearn.model_selection import learning_curve
from sklearn.linear_model import LinearRegression
# 设置随机数种子，确保每次生成的随机数据一致，方便重复实验
np.random.seed(42)
num_samples = 100  # 模拟的数据样本数量


# 定义数据生成函数，模拟研究生招生中的录取概率计算
def generate_admission_data():
    """
    模拟生成研究生招生相关的学生特征和录取概率。
    特征包括：
    - 课外活动表现（extracurricular）：假设为平均值 5，标准差 2 的正态分布
    - 学术成绩（academic_score）：假设为平均值 70，标准差 10 的正态分布
    - 推荐信质量（recommendation_quality）：假设为平均值 4，标准差 1 的
    正态分布

    输出：
    - X：包含所有学生特征的矩阵，每行是一个学生的特征
    - y：每个学生的录取概率（归一化为 0 到 1 之间）
    """
    extracurricular = np.random.normal(5, 2, num_samples)  # 课外活动表现
    academic_score = np.random.normal(70, 10, num_samples)  # 学术成绩
    recommendation_quality = np.random.normal(4, 1, num_samples)  # 推荐
    信质量

    # 假设录取概率是上述特征的加权和，加上随机噪声以模拟现实中的不确
    定性
    admission_prob = (
        0.3 * extracurricular +      # 课外活动权重
        0.5 * academic_score +       # 学术成绩权重
        0.2 * recommendation_quality +  # 推荐信质量权重
        np.random.normal(0, 5, num_samples)  # 添加随机噪声，模拟实际中
        的不可预测因素
    )
```

```
# 将录取概率归一化为 0 到 1 之间，便于处理
admission_prob = (admission_prob - admission_prob.min()) / (admis-
sion_prob.max() - admission_prob.min())


# 将特征组合成矩阵，每列表示一个特征
X = np.column_stack([extracurricular, academic_score, recommenda-
tion_quality])
y = admission_prob


return X, y
```

2.定义绘制学习曲线的函数

定义一个函数，用于绘制模型的学习曲线。该函数能比较训练集和测试集的表现，分别用虚线和实线表示，并且可计算出训练和测试分数的平均值。

```
# 绘制学习曲线的函数
def plot_learning_curve(estimator, X, y, title):
    """
    绘制模型的学习曲线，比较训练集和测试集的表现。


    参数：
    - estimator：需要评估的模型
    - X：输入特征数据
    - y：目标值（录取概率）
    - title：图表标题
    """
    # 使用 scikit-learn 的 learning_curve 函数计算不同训练集大小下模型的
    表现
    # 在使用 scikit-learn 的 learning_curve 函数时，计算出的分数取决于
    estimator 的 scoring 参数。如果 scoring 参数未明确指定，则learning_
    curve 会使用 estimator 默认的评分方法，例如：
    # 回归模型：默认返回的是 R² （决定系数），反映模型的预测结果有多接
    近真实值
    # 分类模型：默认返回的是准确率（accuracy），即正确分类样本的比例
```

```
train_sizes, train_scores, test_scores = learning_curve(
    estimator, X, y, cv=5,  # 5 折交叉验证
    train_sizes=np.linspace(0.1, 1.0, 10)  # 训练集样本比例从 10% 增加到
    100%
)

# 计算训练和测试分数的平均值
train_mean = np.mean(train_scores, axis=1)
test_mean = np.mean(test_scores, axis=1)

# 绘制学习曲线
plt.figure(figsize=(10, 6))
plt.title(title)  # 设置标题
plt.xlabel('Number of training samples')  # X 轴：训练样本数
plt.ylabel('Score')        # Y 轴：模型得分（如 R^2 或准确率）

# 使用不同的线条样式绘制训练集和测试集的平均分数曲线
plt.plot(train_sizes, train_mean, label='Training set score', linestyle='--')  #
虚线表示训练集
plt.plot(train_sizes, test_mean, label='Test set score', linestyle='-')  # 实线
表示测试集

plt.legend()  # 添加图例
plt.grid()    # 显示网格线
plt.show()
```

3. 实际绘制学习曲线

绘制线性回归模型的学习曲线。

```
# 使用生成的招生数据
X, y = generate_admission_data()
# 绘制线性回归模型的学习曲线
plot_learning_curve(LinearRegression(), X, y, 'Learning curve of linear
regression')
```

检测线性回归模型学习曲线如图 2-16 所示。

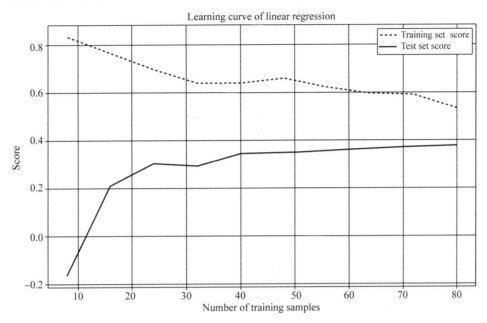

图 2-16　检测线性回归模型学习曲线示意

结果分析:

(1) 训练分数(虚线)。从图 2-15 中可以看到初始阶段(样本较少时)训练分数较高,表明模型能很好地拟合少量训练数据。这通常是因为训练样本少,模型可以记住这些样本,而不是学习到了普遍规律。随着训练样本的增加,训练分数逐渐下降,并趋于稳定。这是因为随着训练样本的增多,模型需要在更多样本上找到普适的模式,而非单纯记忆少量数据点。这表明模型在更大的数据集上开始体现其学习能力。在最终阶段,训练分数趋于稳定,说明模型已经掌握了数据中的基本规律,此时进一步增加数据对训练误差的优化作用已较为有限。

(2) 测试分数(实线)。从图 2-15 中可以看到初始阶段(样本较少时)测试分数较低甚至为负,表明模型在泛化到未见数据时表现较差。这是因为训练数据量不足,模型无法学到数据的全局模式,导致其对测试数据的预测效果很差。随着训练样本的增加,测试分数快速上升,表明更多的训练数据使模型能够学习到更广泛的规律,逐步提高对测试数据的泛化能力。最终阶段,测试分数趋于稳定。

(3) 训练分数和测试分数的差距。在样本量较小时,训练分数和测试分数之间差距较大,表明模型存在一定程度的过拟合。随着样本数量的增加,这种差距逐渐缩小。

学习曲线是评估模型性能和优化模型的重要工具。对于机器学习初学者来说,学习曲线不仅能帮助理解模型行为,还能为模型优化提供直观依据。通过分析训练分数和测试分数的趋势,我们可以:

（1）判断模型是否需要更多数据。

（2）确定模型是否过于简单（欠拟合）或过于复杂（过拟合）。

（3）指导后续的特征工程或模型选择。

2.8.3 应对过拟合：正则化的作用

正则化是一种常用的防止过拟合的方法，它通过向损失函数添加惩罚项，限制模型参数的大小，从而降低模型复杂度。这就好比给模型戴上"理性眼镜"，让它不要对训练数据的每一个细微变化都过度解读。以下是研究生招生中 LASSO 回归（L1 正则化）和岭回归（L2 正则化）的实现示例。

1.定义招生数据模拟函数

定义一个用于生成招生数据的函数，该函数采用更贴近实际情况的方式对特征进行模拟。具体特征包括课外活动表现、学术成绩和推荐信质量。特征数据通过不同的概率分布生成，并引入随机噪声以模拟现实中的不确定性。

```python
import numpy as np # 用于处理数值计算和生成随机数据
import matplotlib.pyplot as plt # 用于绘制数据和结果的图表
from sklearn.model_selection import train_test_split # 用于将数据分为训练集
和测试集
from sklearn.preprocessing import PolynomialFeatures # 用于生成多项式特
征，从而引入更复杂的特征交互
from sklearn.metrics import mean_squared_error # 用于评估模型的性能，计
算均方误差（MSE）
from sklearn.linear_model import LinearRegression, Lasso, Ridge # 分别代表
普通线性回归、Lasso 回归（L1 正则化）模型和岭回归（L2 正则化）
from sklearn.preprocessing import StandardScaler # 用于标准化特征数据，使
其均值为 0，标准差为 1


# 设置随机数种子，确保每次生成的随机数据一致，方便进行重复实验
np.random.seed(42)
num_samples = 100  # 模拟的数据样本数量


# 定义数据生成函数，模拟研究生招生中的录取概率计算
def generate_admission_data():
    """
```

模拟生成研究生招生相关的学生特征和录取概率。

特征包括：

- 课外活动表现（extracurricular）：假设为平均值 5，标准差 2 的正态分布
- 学术成绩（academic_score）：假设为平均值 70，标准差 10 的正态分布
- 推荐信质量（recommendation_quality）：假设为平均值 4，标准差 1 的正态分布

输出：

- X：包含所有学生特征的矩阵，每行是一个学生的特征
- y：每个学生的录取概率（归一化为 0 到 1 之间）
"""

```
extracurricular = np.random.normal(5, 2, num_samples)  # 课外活动表现
academic_score = np.random.normal(70, 10, num_samples)  # 学术成绩
recommendation_quality = np.random.normal(4, 1, num_samples)  # 推荐
信质量
# 假设录取概率是上述特征的加权和，添加随机噪声以模拟现实中的不确
定性
admission_prob = (
    0.3 * extracurricular +       # 课外活动权重
    0.5 * academic_score +        # 学术成绩权重
    0.2 * recommendation_quality +  # 推荐信质量权重
    np.random.normal(0, 5, num_samples)  # 添加随机噪声，模拟实际中
    的不可预测因素
)

# 将录取概率归一化到0~1之间，便于处理
admission_prob = (admission_prob - admission_prob.min()) /
(admission_prob.max() - admission_prob.min())

# 将特征组合成矩阵，每列表示一个特征
X = np.column_stack([extracurricular, academic_score,
recommendation_quality])
y = admission_prob
```

```
return X, y
```

2. 生成数据

我们使用模拟函数生成数据，进行数据划分并创建多项式特征。

```
# 生成数据
X, y = generate_admission_data()
# 将数据分为训练集和测试集，比例为 80% 训练集，20% 测试集
X_train, X_test, y_train, y_test = train_test_split(X, y, test_size=0.2,
random_state=42)

# 创建多项式特征，用于引入复杂的特征交互
poly = PolynomialFeatures(degree=5)  # 5 次多项式，模拟高阶特征
X_train_poly = poly.fit_transform(X_train)  # 对训练集生成多项式特征
X_test_poly = poly.transform(X_test)        # 对测试集生成多项式特征

# 数据标准化
# 使用 StandardScaler 对多项式特征进行标准化，使得每个特征的均值为 0，
标准差为 1
# 这有助于改善回归模型的训练过程，特别是在使用正则化时
scaler = StandardScaler()
X_train_poly = scaler.fit_transform(X_train_poly)
X_test_poly = scaler.transform(X_test_poly)
```

3. 定义不同的回归模型，训练和评估模型

我们定义三种回归模型，用于绘制不同模型的均方误差柱状图，并打印每个模型的详细结果。

```
# 定义三种回归模型
models = {
    "Overfitting Linear Regression": LinearRegression(),  # 普通线性回归，
    无正则化，容易过拟合
    "Lasso Regression (L1 Regularization)": Lasso(alpha=0.1),  # L1 正则化
    回归，可以通过稀疏化模型自动选择重要特征，这里的 alpha=0.1 是正
```

则化参数，用来控制正则化的强度

```
    "Ridge Regression (L2 Regularization)": Ridge(alpha=100, solver='saga')
    # 岭回归，使用 L2 正则化，适合处理高维数据，避免出现过拟合，这
    里的alpha=100 是正则化强度，solver='saga' 指定了优化算法
}

# 训练和评估模型
results = {}  # 存储模型的评估结果
predictions = {}  # 存储模型的预测值
for name, model in models.items():
    model.fit(X_train_poly, y_train)  # 在训练集上训练模型
    y_pred = model.predict(X_test_poly)  # 用模型预测测试集
    mse = mean_squared_error(y_test, y_pred)  # 计算均方误差（评估模型的
    好坏）
    results[name] = {
        "MSE": mse,  # 均方误差（越小越好）
        "Number of Non-zero Coefficients": np.count_nonzero(model.coef_)
        # 模型中非零特征的数量，反映模型复杂度
    }
    predictions[name] = (model, y_pred)

# 绘制不同模型的均方误差柱状图
plt.figure(figsize=(10, 6))
plt.bar(results.keys(), [result['MSE'] for result in results.values()])
# 绘制柱状图
plt.title('Mean Squared Error for Different Models (Smaller is Better)')
plt.ylabel('Mean Squared Error')
plt.tight_layout()
plt.show()

# 打印每个模型的详细结果
for name, result in results.items():
    print(f"{name}:")
    print(f"  Mean Squared Error: {result['MSE']:.4f}")
```

```
print(f"  Number of Non-zero Coefficients: {result['Number of Non-zero
Coefficients']}")
```

输出结果示例:

```
Overfitting Linear Regression:
  Mean Squared Error: 0.5517
  Number of Non-zero Coefficients: 56
Lasso Regression (L1 Regularization):
  Mean Squared Error: 0.0263
  Number of Non-zero Coefficients: 1
Ridge Regression (L2 Regularization):
  Mean Squared Error: 0.0156
  Number of Non-zero Coefficients: 55
```

不同模型的均方误差如图2-17所示。

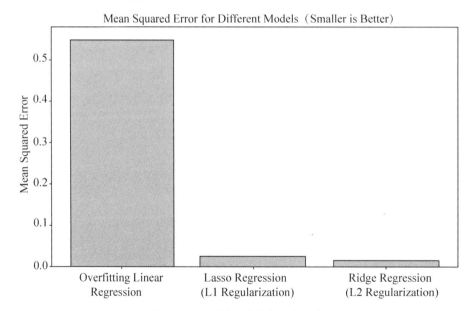

图2-17　不同模型的均方误差示意

结果分析:

均方误差(MSE)用于衡量模型预测值与真实值的偏离程度,MSE越低,表明模型预测效果越好。从图2-16中可以看出,标准线性回归的MSE值最高,这表明其可能存在过拟合问题,即模型在训练数据上表现优异,但在测试数据上的泛化能力较差。

相比之下，LASSO回归和岭回归的MSE显著降低，这表明它们在测试数据上具备更强的泛化能力。

LASSO回归（L1正则化）通过在损失函数中添加回归系数的绝对值之和的惩罚项，使部分不重要的回归系数缩减至0，实现特征选择，简化模型并提升泛化性能：

$$L = \sum (y_i - \hat{y}_i)^2 + \lambda \sum |w_j| \tag{2.24}$$

式中，y_i表示第i个样本的真实值（即实际观测值），$\hat{y}_i$表示模型对第i个样本的预测值（即模型输出的结果），λ控制正则化强度，w_j是模型的特征权重，较大的λ值会使更多特征的系数变为0。

岭回归（L2正则化）通过对回归系数的平方和进行惩罚，防止某些系数过大，降低过拟合风险，使模型更稳定：

$$L = \sum (y_i - \hat{y}_i)^2 + \lambda \sum w_j^2 \tag{2.25}$$

相比于普通回归，LASSO使部分特征的系数归零，适用于特征选择，而岭回归则保留所有特征但缩小权重，使模型更加稳健。

在这次实验中，虽然LASSO回归成功降低了MSE，但它将大部分回归系数缩减为零，仅保留了一个非零参数，因此对模型结构的改动较大。而岭回归的MSE最低，表现最佳，它不仅降低了预测误差，还保留了更多非零参数，维持了适度的模型复杂性，实现了复杂性与泛化能力之间的良好平衡。这说明，在处理高维、多特征数据时，岭回归可能是一种更稳定、更可靠的选择。

4.对比不同模型预测值与真实值的可视化分析

进一步可视化测试集中真实值和模型预测值的对比，帮助理解。

```python
# 可视化测试集中真实值和模型预测值的对比
# 绘制不同模型预测值与真实值的对比图，每个模型的预测结果会显示在一条曲线上，真实值以散点图表示
plt.rcParams['axes.unicode_minus'] = False  # 解决负号显示问题
plt.figure(figsize=(12, 8))
for name, (model, y_pred) in predictions.items():
    plt.scatter(range(len(y_test)), y_test, color='blue', label='True
    Values' if name == "Overfitting Linear Regression" else "")
    plt.plot(range(len(y_test)), y_pred, label=f'{name} Prediction', alpha=0.7)

plt.title('Comparison of Model Predictions and True Values')
```

```
plt.xlabel('Sample Index')
plt.ylabel('Admission Probability')
plt.xticks(range(len(y_test)))  # 设置 x 轴为整数索引
plt.legend()
plt.tight_layout()
plt.show()
```

不同模型的预测结果和真实情况的比较如图2-18所示。

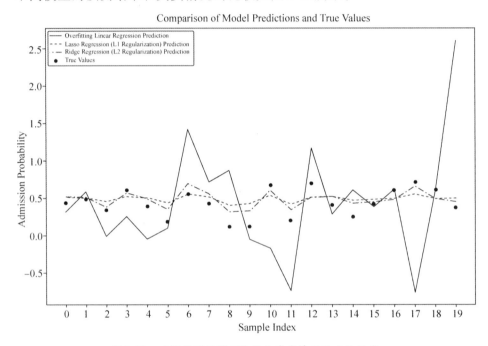

图2-18　不同模型的预测结果和真实情况的比较示意

结果分析：

　　未做正则化的线性回归出现了过拟合特征，泛化能力差，预测结果剧烈波动，无法很好地捕捉数据中的实际规律。LASSO回归通过L1正则化减少了特征数量，降低了模型复杂性，相较于可能过拟合的线性回归具有更好的泛化能力，但在某些情况下仍存在偏差。岭回归在三种模型中表现最佳，预测值最接近真实值，说明它在复杂性和泛化能力之间达到了平衡。

本章小结

　　本章从机器学习的基本概念出发，逐步探讨了其核心要素、经典模型、算法实现，以及在社会科学领域的实际应用。我们特别强调数据驱动的认知方法，以及如何通过模型优化来应对复杂现实场景中的挑战。在此基础上，本章还深入分析了机器学习的局限性和应对策略，如过拟合、数据噪声问题及模型选择的平衡。

最终目标是帮助读者在技术与应用间建立桥梁：不仅能掌握机器学习模型的理论与实践，还能够结合领域背景，将其转化为有效解决社会科学及其他领域问题的工具。本章的学习将为读者理解和应用人工智能技术提供强有力的支持，同时启发跨学科视角下的研究新思路。

习题

一、判断题

1.机器学习是一种完全依赖于人类设定规则的技术手段，用于从数据中学习规律。　（　　）

2.在机器学习中，训练数据用于调整模型参数，而验证数据则用于评估模型的泛化能力。

（　　）

3.线性回归模型适合解决分类任务，比如预测一条评论是正面还是负面的。　（　　）

4.梯度下降算法的目标是通过最小化损失函数的值，找到模型参数的最优解。　（　　）

二、单项选择题

1.以下哪项不属于机器学习的核心阶段？　（　　）

　　A.训练　　　　　　　　B.验证　　　　　　　C.复制　　　　　　　　D.测试

2.下列关于线性回归的描述中，正确的是　（　　）

　　A.它是一种分类模型　　　　　　　　B.它假设输入与输出之间有非线性关系

　　C.它通过拟合一条直线预测连续值　　D.它的目标是最大化信息熵

3.机器学习的训练阶段主要用于　（　　）

　　A.调整模型的超参数　　　　　　　　B.学习输入数据与目标输出之间的规律

　　C.检验模型在未见过数据上的表现　　D.将模型应用于实际场景

4.以下哪个是机器学习模型中"超参数"的例子？　（　　）

　　A.线性回归的斜率　　　　　　　　　B.损失函数中的误差值

　　C.梯度下降算法的学习率　　　　　　D.模型的预测输出值

三、多项选择题

1.以下哪些是常见的机器学习任务？　（　　）

　　A.回归　　　　　　　　B.分类　　　　　　　C.聚类　　　　　　　　D.数学运算

2.关于梯度下降算法，下列说法正确的是　（　　）

　　A.它是一种优化算法

　　B.它的目标是增加损失函数值

　　C.它通过计算梯度调整模型参数

　　D.学习率的大小会影响收敛速度

四、简答题

1.请简述机器学习中"泛化能力"的概念，并说明影响泛化能力的主要因素。

2.回归任务和分类任务的主要区别是什么？请各举一个常见算法并简要说明其适用场景。

五、实践题

基于新闻文本分析数据，完成以下任务：

任务1：使用朴素贝叶斯对新闻文本进行分类。

任务目标：使用朴素贝叶斯对新闻文本进行分类（3类），划分训练集和测试集（比例8：2），
　　　　　并计算模型在测试集上的准确率。

任务2：使用K-Means聚类新闻文本。

任务目标：使用K-Means进行无监督聚类，将新闻文本自动归为3类（类别数设为3），并评估
　　　　　聚类结果。

要求：

1.编写Python代码实现数据加载、预处理、模型训练与评估。

2.采用scikit-learn进行建模，并分析分类模型与聚类模型结果的差异。

第 3 章　人工神经网络

在上一章中，我们已经介绍了机器学习的基本概念和经典模型。这些模型虽然存在已久，但近年来人们才开始广泛关注机器学习和人工智能。那么，为什么是现在而非更早些时候呢？关键原因在于，在过去十余年中，人类开发出了一种迄今为止最强大的人工智能模型——深度神经网络。而要理解深度神经网络，我们首先需要从人工神经网络谈起。本章将介绍人工神经元与人工神经网络技术，接下来的第四章将会介绍深度神经网络和深度学习技术。

3.1　从生物神经元到人工神经元

我们之前介绍的人工智能模型，其基本方法大多源自一些工程化的思路，这类方法被称为"工程派"。这些方法侧重于针对具体问题进行方法设计，依赖于人的经验和认识，通过特征工程和数学模型来实现人工智能。然而，在人工智能的研究中还有一派思路，可以称之为"飞鸟派"。这一派的思想相对简单且直观：如果我们希望自己能飞翔，最好的方式是向鸟类学习。那么，我们为什么不能在构建智能模型时借鉴人类大脑的学习方式呢？基于这一想法，人工神经网络（artificial neural network，ANN 或 NN）应运而生。神经网络的设计灵感来源于生物神经系统，它试图模拟大脑的神经元连接和信息传递方式，**通过"学习"大量数据来实现智能行为**。

随着最近几十年来神经科学的快速发展，我们对人类大脑如何运转有了更多的理解。人脑是由大量神经细胞组成的一个神经网络。神经细胞也被称为神经元；每个神经元功能都较为简单，可以看作一个小电路（其结构如图 3-1 所示）；神经元可以通过突触相互连接并进行通信；大量的神经元组合在一起（人脑约有 860 亿个神经元），便形成了一个复杂的网络，即神经网络。

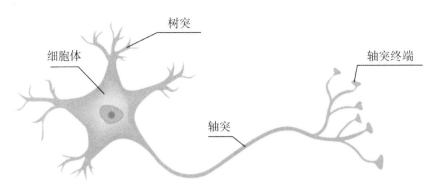

图3-1   生物神经元示意

注：神经元是一种容易电兴奋的细胞，一个典型的神经元由一个细胞体、树突和一个
轴突组成。轴突分支的最末端是轴突终端突触，神经元可通过突触将信号传递给另一个神
经元。

人脑可以由大量简单的神经元组成一个复杂网络，从而形成复杂的智力。人工
智能科学家从中获得灵感，希望模仿人脑，设计出类脑的人工神经网络。

3.1.1   人工神经元：向大脑学习

就像生物神经网络的基本组成单元是神经元一样，**人工神经网络的基本单元是
人工神经元**（简称"神经元"）。这些人工神经元与生物神经元类似，具有两种状
态：非激活状态和激活状态。在正常情况下，大多数神经元处于非激活状态，但当
某个神经元受到刺激，并且其电位超过特定的阈值时，它就会被激活，进入激活状
态，并向其他神经元传递信号。**人工神经元是否被激活，取决于一个名为激活函数
的数学模型**，这个激活函数决定了神经元输出的信号强度。

激活函数一般用 σ 表示，一个神经元的激活值一般用 a 表示。如图3-2所示，
激活函数会读取与其相连的前序神经元的输出，以此来决定本神经元的状态（本神
经元的 a），并将此状态输出到后续的神经元。一个人工神经元包括输入、输出和激
活函数三个部分。类比生物神经元，人工神经元的输入就像树突，输出就像轴突，
而激活函数则相当于神经元的细胞体。

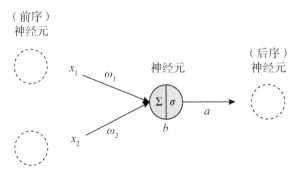

图3-2   人工神经元示意

3.1.2　激活函数：人工神经元的核心

激活函数是人工神经元的核心部分，它决定了神经元在什么样的输入条件下会被激活，下面来看几种常见的激活函数。

1.阈值激活函数

最早的人工神经网络是感知机（perceptron），它由美国科学家弗兰克·罗森布拉特（Frank Rosenblatt）在1957年提出。感知机用**阶跃函数**（step function）作为激活函数。具体而言，对感知机的一个神经元来说，其激活函数为：

$$\sigma(z) = \begin{cases} 1 & z > 0 \\ 0 & \text{其他} \end{cases} \tag{3.1}$$

式中，$z = \sum wx - b$，其中 x 是此神经元的输入（可以是前序神经元的输出值，也可以是数据输入），w 是此输入的权重，b 是一种阈值（threshold），被称为偏置（bias）；此激活函数输出的是1或0，其形式如图3-3所示。

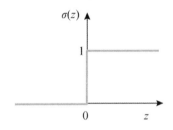

图3-3　阶跃函数

通过一个例子来理解感知机的神经元。假设今天我们要做一个决策：晚上要不要去参加一场演唱会。这个决策取决于三个因素：x_1 代表今天天气好坏，x_2 表示去演唱会的交通是否方便，x_3 代表是否有人陪着一起去。而 w_1, w_2, w_3 分别表示这三个因素的重要性。因此，我们将这三个因素进行加权求和：$x_1w_1 + x_2w_2 + x_3w_3$。此加权求和值如果大于某个阈值 b，则去参加演唱会（输出为1），否则就不去（输出为0）。

$$y = \begin{cases} 1 & x_1w_1 + x_2w_2 + x_3w_3 - b > 0 \\ 0 & \text{其他} \end{cases} \tag{3.2}$$

式中，w 和 b 是这个神经元的参数，w 决定了不同 x 的重要性，而 b 则决定了一个人是否会去参加演唱会的偏好：如果 b 很高，则 wx 加权求和也要很高，只有这样这个人才会去参加演唱会。

一个简单的感知机如图3-4所示。

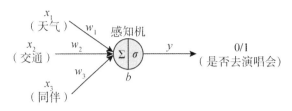

图 3-4　一个简单的感知机

通过这个例子，我们可以了解一个神经元的简单功能：基于输入（x）、重要性权重（w），以及偏好（b）进行输出。因此，一个神经元具有基本的决策功能。

2. Sigmoid 和 Tanh 激活函数

神经元的激活函数，如上面例子中采用的阶跃函数，是重要计算单元。**激活函数有不同种类型，其功能都是模拟神经元发放和不发放两种状态。**这里进一步介绍 Sigmoid 和 Tanh 两种常用的激活函数。感知机的阶跃函数存在一个问题，即在大部分情况下，此函数没有梯度，很难对这种神经网络进行训练（很难实现梯度下降）。因此，现在我们使用较多的是 **Sigmoid 函数**（在前一章的逻辑回归中已经介绍过 Sigmoid 函数），其定义为：

$$\sigma(z) = \frac{1}{1 + \mathrm{e}^{-z}} \tag{3.3}$$

图 3-5 为 Sigmoid 函数曲线，可以看到，其效果与阶跃函数类似，其输出集中在 0 或 1，但它是连续可导的，在任何位置都可以计算梯度。

当采用 Sigmoid 函数时，一个神经元的功能就等同于逻辑回归（见前一章），这也从另一个方面解释了神经元是具备决策功能的基本单元。与 Sigmoid 函数类似的还有 Tanh 函数：

$$\mathrm{Tanh}(z) = \frac{\mathrm{e}^{z} - \mathrm{e}^{-z}}{\mathrm{e}^{z} + \mathrm{e}^{-z}} \tag{3.4}$$

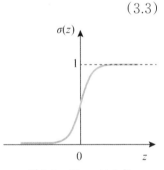

图 3-5　Sigmoid 函数

Tanh 函数曲线如图 3-6 所示，可见其形态与 Sigmoid 函数类似，但其输出值范围是 $(-1, 1)$。

3. ReLU 激活函数

在当前深度学习模型中，还有一种更为常用的激活函数 ReLU。虽然 Sigmoid 函数在传统神经网络中应用广泛，但它会导致梯度消失问题（将在后文中介绍），不利于神经网络学习，所以近年来被广泛使用的是 **ReLU 函数**，其表达式为：

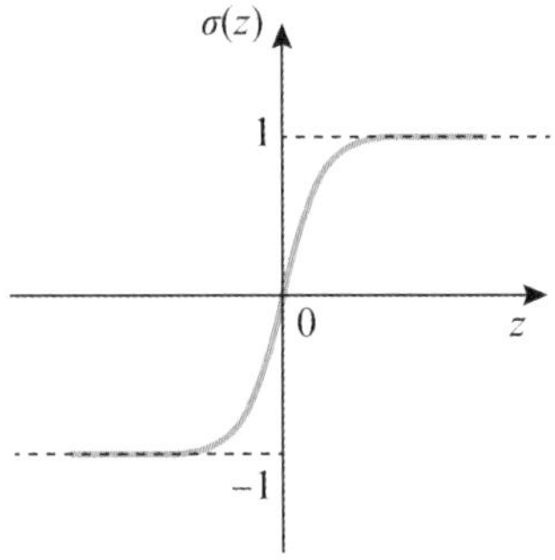

图 3-6　Tanh 函数

$$\mathrm{ReLU}(z) = \max(0, z) \tag{3.5}$$

可见，ReLU 是一个分段线性函数，计算简单且方便。图 3-7 为 ReLU 函数曲线。

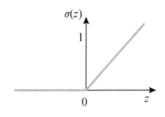

图 3-7 ReLU 函数

3.1.3 Softmax 函数：从二分类到多分类

上述简单的神经元，一般只能做二分类的判断，比如是或不是。而现实情况下，我们往往要做多分类判断，比如一个动物是猫，是狗，还是鸟？当用神经网络做分类问题时，一个常用的函数是 Softmax 函数，其定义为：

$$a_j = \frac{\mathrm{e}^{x_j}}{\sum_{i=1}^{k} \mathrm{e}^{x_i}} \tag{3.6}$$

对 k 个不同的 x 值，Softmax 函数将其转化成 k 个不同的 a，而这些 a 表示了不同类别的概率（即 a_j 表示 j 类别的概率，而 $\sum_{j=1}^{k} a_j = 1$），此时，我们可以找到最大的 a_j，并以 j 作为分类结果。

因此，Softmax 函数往往被放到神经网络的最后一层，直接获得分类结果的输出。需要注意的是，Softmax 函数中没有参数，所以 Softmax 层是不需要训练的。

3.2 人工神经网络

3.2.1 人工神经网络的基本结构

神经网络是许多神经元的联合。那么，如何通过人工神经元构建神经网络呢？简单来说，当许多神经元组合在一起时，就会形成一种层次结构，从而构成了神经网络。其中，每个神经元都在做以下三个动作。

加权求和：$\sum wx$

减去偏置：$\sum wx - b$

经过激活函数：$\sigma\left(\sum wx - b\right)$

从第一层开始，每个神经元做完以上三个动作，获得其激活函数的输出结果后，将其传递到下一层。下一层的神经元也要经历这三个动作，再传递到下一层，如此循环，直至最后一层神经元输出最终结果。

　　最常见的神经网络结构包括一个输入层，一个或多个隐藏层和一个输出层，如图3-8所示。

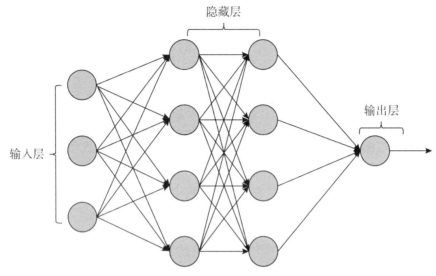

图3-8　人工神经网络示意

1.输入层

　　输入层即 x，x 一般是一个向量，其长度就是输入层神经元的个数（比如，x 是过去一周的温度，则 x 向量的长度为7，此时输入层神经元个数为7）。输入层的神经元激活值并不是通过激活函数算出来的，而是直接取输入数据 x。

2.输出层

　　输出层即 y，y 可以是一个值（用来做回归，或者二分类），也可以是由多个值组成的向量（一般用来做多分类，如上述的Softmax函数）。一个神经网络从本质上来说跟前一章介绍的其他机器学习模型一样，都是一个 $y = f(x)$ 函数，整个网络就是 f。

3.隐藏层

　　在输入层和输出层中间的就是隐藏层，隐藏层中的神经元按之前所述，要执行三个动作（加权求和、减去偏置、经过激活函数），这些神经元按层组织，一层层对 x 进行转换（或者说提取 x 中的特征），最终得到 y。

　　需要注意的是，与其他模型不同，神经网络所代表的 f 实际上是多个函数的嵌套，每一层网络都可以看成一个函数。比如，对一个包含两层隐藏层的神经网络，第一层隐藏层可以看成一个函数 f_1，第二层可以看成另一个函数 f_2，而整个神经网络 $f = f_2(f_1(x))$。训练一个神经网络，其实就是在优化隐藏层的参数（w 和 b）。

　　上面所展示的人工神经网络是一种最经典的神经网络类型，被称为全连接网络。在全连接网络中，隐藏层中的每个神经元都与它相邻层中的所有神经元连接。

同时，每一层神经元的激活值都单方向地向前传播，因此，它也被称作前馈神经网络。

全连接网络的第一层 x 一般是个向量，因此对手写体图片这样的二维数组来说，需要先把它"拉直"成一个向量。比如，一张 28×28 的图片，就会被转换成 784×1 的向量，如图 3-9 所示。

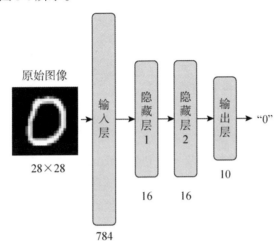

图 3-9　用于手写数字分类的全连接网络示例

对神经网络模型来说，所有神经元的 w 和 b 就是我们要优化的参数。人工神经网络的参数数量比传统模型要多很多。比如，上述的全连接网络，第一层有 784 个神经元，第二层和第三层都各有 16 个神经元，最后一层是 10 个神经元，于是其参数数量为：

w：$784 \times 16 + 16 \times 16 + 16 \times 10 = 12960$

b：$16 + 16 + 10 = 42$

总共有超过 13000 个参数，如此一个简单的神经网络，其参数数量也远远超出前面介绍的经典机器学习模型，这就带来以下几个结果：

（1）神经网络模型能力很强，能挖掘数据中的复杂规律；

（2）由于参数多，因此模型训练所需的数据也更多，对数据量更为依赖；

（3）模型训练所需的计算资源也会更多。

3.2.2　训练神经网络：前序传播和反向传播

神经网络的参数如何进行训练呢？**神经网络在训练时会经历两个阶段：前序传播和反向传播**。

前序传播是从输入 x 计算输出的过程。具体而言，一个神经网络从输入 x 开始，经历一层层隐藏层的操作，最后获得 y 的输出，这个输出即对 y 的预测 y^*。这个预测与实际 y 之间的差别，就是损失值，或者更准确地说，是关于 w 和 b 的损失函数，而神经网络的训练过程，就是不断修改 w 和 b，使得网络输出更接近实际 y 的过程。

在前序传播过程中，网络的模型参数（w 和 b）是不变的（或者说是不训练的）。前序传播的目的就是计算采用目前的参数输出 y^* 与我们期待的 y 相差了多少，即损失 L。接下来，我们将修改模型参数（w 和 b），使得模型输出 y^* 与我们期待的 y 尽可能一致，这就需要反向传播了，如图 3-10 所示。

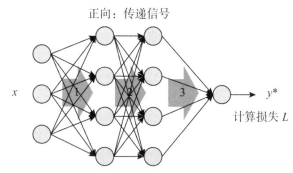

图 3-10　神经网络的前序传播

美国心理学家大卫·鲁梅尔哈特（David Rumelhart）、加拿大计算机科学家和心理学家杰弗里·辛顿（Geoffrey Hinton）和美国计算机科学家罗纳德·威廉姆斯（Ronald Williams）在 1986 年发表的论文中提出了反向传播的概念。我们可以认为，**反向传播就是从最后一层开始，逐层将损失 L 传递回来，从而逐层修正模型参数（w 和 b），使得 L 更小的过程。**

为什么需要反向传播算法呢？如前面章节所述，参数的优化是一个梯度下降的过程，然而，对于多层神经网络来说，从 x 到 y 的计算函数很复杂，因而其梯度的求解过程和计算过程也极其复杂，故阻碍了其广泛应用。在这样的背景下，反向传播方法被提出来。反向传播巧妙地利用了神经网络的层级结构，并对其梯度求解过程进行了简化。本书不详细介绍反向传播的算法，仅描述其核心思想。神经网络跟其他机器学习模型一样，通过梯度下降法进行模型训练，而梯度下降的关键是计算损失函数关于模型参数的导数 $\dfrac{\partial L}{\partial \theta}$，即计算损失函数关于 w 和 b 的导数。由于神经网络是分层的，这一特性使得梯度的计算可以通过逐层计算的方式进行简化。具体来说，先计算最后一层隐藏层的 $\dfrac{\partial L}{\partial w}$ 和 $\dfrac{\partial L}{\partial b}$，然后依次计算前序隐藏层的 $\dfrac{\partial L}{\partial w}$ 和 $\dfrac{\partial L}{\partial b}$，即反向传播，如图 3-11 所示。

直到今天，反向传播仍是神经网络的训练方法，后续章节要介绍的深度学习亦不例外。

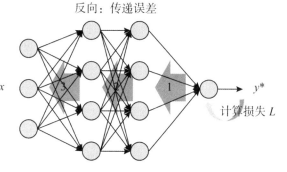

图 3-11　神经网络的反向传播

3.2.3 深度神经网络

一个拥有很多隐藏层的神经网络就是深度神经网络。实际上，根据通用近似原理（universal approximation theorem），只有一个隐藏层的神经网络就能近似任意的函数，那为什么我们还需要一个很深的神经网络呢？

第一，更深的网络所需的参数更少，这或许跟直观感觉相悖，深度神经网络不是网络更大、参数更多么？但实际上，如果要达到同样的模型能力，一个很浅的神经网络则会变得非常宽，从而需要更多的模型参数，因此网络更难训练。

第二，更深的网络可以构成更深的语义层次结构，这符合人类认知世界的方式（我们认识世界可以看作不断将低层次的概念组合成更高层次新的概念的过程）。

因此，从20世纪八九十年代开始，人类就希望能实现深度神经网络，但当时人类面临了一个巨大的挑战，即**梯度消失/爆炸问题**：当使用Sigmoid等激活函数时，用反向传播进行梯度下降，每一层网络参数的梯度将显著减少，使得靠前的隐藏层参数几乎无法得到更新。

深度神经网络在其发展的初期阶段，上述问题限制了其在实际应用中的潜力。随着科研人员的不懈努力，一系列深度学习技术的出现为解决这些难题提供了可能。在下一章，我们将介绍深度学习技术。

3.3 实战应用：编写神经网络模型

我们将通过一个简单的示例，对如何使用Python编写神经网络代码进行实战操作。

3.3.1 神经网络构建利器：Keras编程框架

Keras是一个用Python编写的高级神经网络API，它能够以TensorFlow作为后端运行。Keras具有如下优点。

（1）用户友好、高度模块化且具备可扩展性，可以简单快速地进行原型设计。

（2）预置卷积神经网络、循环神经网络等多种网络结构，仅需设置参数即可构建网络模型。

（3）可在CPU和GPU上无缝运行。

首先，确保你已经安装了TensorFlow和Keras库（Keras现在作为TensorFlow的一部分提供），安装命令为：

```
pip install tensorflow
```

Keras 的核心数据结构是 model，一种组织网络层的方式。最简单的模型是 Sequential 顺序模型，它把多个网络层按线性方式堆叠起来。

如下程序可以初始化一个 Sequential 模型。

```
from keras.models import Sequential
model = Sequential()
```

有了上面的初始化模型 model，就可开始一层一层构建模型的结构了。在 Keras 中，模型的构建可以通过 .add() 操作，一层一层增加和堆叠。在 Keras 框架中，已经预置了多种神经网络基本层的结构，我们只需根据需要，调用相应的层并输入参数即可增加一个网络层。比如，前馈神经网络的一层在 Dense 中已经定义好，我们只需输入神经元数量（units），激活函数类型（activation）等参数即可构建一层网络。后续我们会学习更多种类的神经网络模型，比如卷积神经网络，而这些模型很多都已经在 Keras 中有了预设，我们只需给定一些参数，就可构建相应的网络层。

以下是构建一层全连接网络的示例。

```
model.add(Dense(神经元数量, activation=激活函数名称))
```

如图 3-9 所示的神经网络，可以通过以下代码构建。

```
from keras.layers import Dense, Flatten
model.add(Flatten(input_shape=(784,)))  # 输入层，展平输入
model.add(Dense(16, activation='relu')) # 第一个隐藏层，16个神经元，ReLU
激活函数
model.add(Dense(16, activation='relu')) # 第二个隐藏层，16个神经元，ReLU
激活函数
model.add(Dense(10, activation='softmax')) # 输出层，10个神经元，对应10
个类别，采用Softmax激活函数
```

在完成模型的构建后，可以使用 .compile() 来配置网络学习过程中的超参数。必要的超参数包括优化器类型（optimizer）、损失函数（loss）、评价指标（metrics）等。这些超参数的具体选择和含义将在后续章节中进行介绍。

```
# 编译模型
model.compile(optimizer=优化器类型,
              loss=损失函数名称,
              metrics=评价指标名称)
```

设置好这些超参数，就可对模型进行训练了。接下来，通过调用.fit()函数进行模型训练，训练过程中还需要指定超参数训练轮数（epochs）和批量大小（batch_size）等。同样，这些超参数的意义和设定将在后续章节具体介绍。

```
model.fit(训练输入数据, 训练标签数据, epochs=训练轮数, batch_size=批量大小)
```

模型训练结束，通过.evaluate()函数，只需一行代码就能评估模型性能。

```
loss_and_metrics = model.evaluate(测试输入数据, 测试标签数据)
```

或者通过.predict()函数基于测试数据进行预测。

```
classes = model.predict(测试输入数据)
```

3.3.2 编写一个前馈神经网络

作为一个实战案例，我们采用Keras框架搭建一个神经网络，以解决手写体数字识别问题。这里使用的数据集是MNIST数据集。

我们已经多次提到MNIST数据集，下面对其进行详细介绍。MNIST数据集是一个广泛用于手写数字识别的基准数据集，其中包含了大量的手写数字图像。该数据集由美国国家标准与技术研究院（National Institute of Standards and Technology，NIST）收集并整理，后来由法国计算机科学家杨立昆(Yann LeCun)、美国计算机科学家科琳娜·科特斯(Corinna Cortes)及其他人整理成现在的形式。MNIST数据集由60000个训练样本和10000个测试样本组成，每个样本都是28×28像素的灰度图像，表示0到9之间的一个手写数字，如图3-12所示。

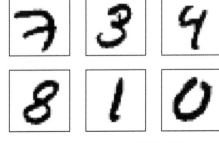

图3-12 MNIST数据集样例

以下示例通过Keras框架搭建了一个用于手写体识别的神经网络模型。接下来，将逐步介绍代码的编写过程。

1.导入必要的库和模块

其中包括NumPy、Keras的相关模块等。

```
import tensorflow as tf
from tensorflow.keras import datasets, layers, models
import numpy as np
```

2.加载MNIST数据集，并将其分为训练集和测试集

在下述代码中，训练数据的图像和对应标签分别存放在 train_images 和 train_labels 中，测试数据的图像和对应标签分别存放在 test_images 和 test_labels 中。

```
# 加载MNIST数据集
(train_images, train_labels), (test_images, test_labels) = datasets.mnist.
load_data()
```

3.对图像数据进行预处理

将其展平为一维数组，之所以这样做，是因为神经网络输入层的数据结构是一维数组。原始图像大小为 28×28，展平之后，数组维度变为 $28 \times 28 = 784$。

将原始图像像素值归一化到0到1之间。

```
# 预处理数据
# 将图像数据展平为一维数组，并将像素值归一化到0与1之间
train_images = train_images.reshape((60000, 28 * 28)).astype('float32') / 255
test_images = test_images.reshape((10000, 28 * 28)).astype('float32') / 255
```

4.将标签转换为one-hot编码

之所以这样做，是因为我们的输出层使用了Softmax激活函数，它期望目标标签是one-hot编码的。在原始数据中，10类标签分别是0~9。在one-hot编码中，每一类标签由一个one-hot向量表示，即只有其对应元素为1、其他元素为0的向量，如图3-13所示。

	one-hot 向量
类别1	[1, 0, 0, 0, 0, 0, 0, 0, 0, 0]
类别2	[0, 1, 0, 0, 0, 0, 0, 0, 0, 0]
类别3	[0, 0, 1, 0, 0, 0, 0, 0, 0, 0]
......	......
类别10	[0, 0, 0, 0, 0, 0, 0, 0, 0, 1]

图3-13　one-hot编码

```
# 将标签转换为one-hot编码
train_labels = tf.keras.utils.to_categorical(train_labels)
test_labels = tf.keras.utils.to_categorical(test_labels)
```

5.构建一个全连接神经网络模型

该模型包括输入层、两个隐藏层（分别包含128和64个神经元，均采用ReLU激活函数）和一个输出层（包含10个神经元，采用Softmax激活函数）

```
# 构建全连接神经网络模型
model = models.Sequential()
# 隐藏层1:128个神经元，ReLU激活函数
model.add(layers.Dense(128, activation='relu', input_shape=(28 * 28,)))
# 隐藏层2:64个神经元，ReLU激活函数
model.add(layers.Dense(64, activation='relu'))
# 输出层：10个神经元，softmax激活函数（用于多分类）
model.add(layers.Dense(10, activation='softmax'))
```

6.编译模型

指定优化器（adam）、损失函数（categorical_crossentropy，用于多分类）和评估指标（accuracy）。

```
# 编译模型
model.compile(optimizer='adam',
              loss='categorical_crossentropy',
              metrics=['accuracy'])
```

7.训练模型

设置模型训练过程中的重要超参数，如训练轮数（epochs）、批量大小（batch_size）。

设置验证集比例（validation_split），即训练集中多少比例用来作为验证集。验证集在模型训练过程中的作用是评估模型性能，帮助调整超参数和选择最佳模型，以防止过拟合现象并确保模型在未见过的数据上具有良好的泛化能力。

```
# 训练模型
model.fit(train_images, train_labels, epochs=10,
        batch_size=128,
        validation_split=0.2)  # 使用20%的训练数据作为验证集
```

8.评估模型在测试集上的性能，并打印测试准确率

```
# 评估模型
test_loss, test_acc = model.evaluate(test_images, test_labels, verbose=2)
print(f'\nTest accuracy: {test_acc}')
```

verbose是用于控制日志显示的参数，其可设置为0、1和2这三个值。当verbose的值为0时，不会输出任何日志；当verbose的值为1时，每经过一个轮次（Epoch）就会输出一行信息，并且会显示进度条；而当verbose的值为2时，情况与值为1时类似，不过不会显示进度条。我们在这里将其设置为2。当你的代码正确运行时，会输出每个Epoch的训练集损失(loss)、训练集正确率(accuracy)、验证集损失(val_loss)、验证集正确率信息(val_accuracy)，示例如下。

```
Epoch 1/10
375/375 [==============================] - 4s 10ms/step - loss:
0.3729 - accuracy: 0.8950 - val_loss: 0.1924 - val_accuracy: 0.9436
Epoch 2/10
375/375 [==============================] - 3s 9ms/step - loss:
0.1516 - accuracy: 0.9555 - val_loss: 0.1339 - val_accuracy: 0.9610
Epoch 3/10
375/375 [==============================] - 3s 9ms/step - loss:
0.1059 - accuracy: 0.9690 - val_loss: 0.1116 - val_accuracy: 0.9669
Epoch 4/10
375/375 [==============================] - 3s 9ms/step - loss:
0.0801 - accuracy: 0.9764 - val_loss: 0.1009 - val_accuracy: 0.9693
Epoch 5/10
375/375 [==============================] - 3s 9ms/step - loss:
0.0622 - accuracy: 0.9819 - val_loss: 0.1005 - val_accuracy: 0.9698
Epoch 6/10
```

```
375/375 [==============================] - 3s 9ms/step - loss:
0.0496 - accuracy: 0.9852 - val_loss: 0.0953 - val_accuracy: 0.9721
Epoch 7/10
375/375 [==============================] - 3s 9ms/step - loss:
0.0408 - accuracy: 0.9877 - val_loss: 0.1033 - val_accuracy: 0.9714
Epoch 8/10
375/375 [==============================] - 3s 9ms/step - loss:
0.0323 - accuracy: 0.9899 - val_loss: 0.0945 - val_accuracy: 0.9727
Epoch 9/10
375/375 [==============================] - 3s 9ms/step - loss:
0.0286 - accuracy: 0.9915 - val_loss: 0.0968 - val_accuracy: 0.9743
Epoch 10/10
375/375 [==============================] - 3s 9ms/step - loss:
0.0249 - accuracy: 0.9923 - val_loss: 0.1098 - val_accuracy: 0.9686
313/313 - 0s - loss: 0.1014 - accuracy: 0.9720

Test accuracy: 0.972000002861023
```

可见，随着训练Epoch的增加，损失不断减小，而正确率有所提升。训练结束后，会输出测试集的正确率。在上面例子中，测试集正确率为97.2%。要在线运行本章代码，请扫描本教材前言中的二维码访问Mo平台。

本章小结

本章介绍了人工神经网络的模型与技术。从人类神经元的结构和功能出发，首先介绍了人工神经元的输入、输出、激活函数等基本要素，进而讲述如何由人工神经元构建人工神经网络，以及人工神经网络基本结构和训练方法。接下来，深度神经网络训练的困难阻碍了人工神经网络的进一步发展和应用。在下一章，将介绍深度学习技术如何解决深度神经网络训练的难题。

习题

一、判断题

1.人工神经元的激活函数可以类比生物神经元的细胞体。　　　　　　　　　(　)

2.人工神经网络前序传播是从输入计算输出的过程。　　　　　　　　　　(　)

3.ReLU函数将输入映射到0或1作为输出。　　　　　　　　　　　　　　(　)

4.Sigmoid函数将输入映射到0或1作为输出。　　　　　　　　　　　　(　)

二、单项选择题

1.下列哪个不是人工神经元的常用激活函数?　　　　　　　　　　　　　(　)

　　A.以e为底的指数函数　　　　　　　　　B.阈值激活函数

　　C. Tanh函数　　　　　　　　　　　　　D. ReLU函数

2.下列哪项与人工神经网络训练过程无关?　　　　　　　　　　　　　　(　)

　　A.前序传播　　　　　B.网络加密　　　　　C.梯度下降　　　　　D.反向传播

3.下面对前馈神经网络的描述不正确的是　　　　　　　　　　　　　　　(　)

　　A.是一种人工神经网络

　　B.是一种监督学习的方法

　　C.实现了非线性映射

　　D.隐藏层数目大小对学习性能影响不大

4.前馈神经网络通过误差反向传播进行参数学习,这是一种(　)机器学习手段

　　A.监督学习　　　　　　　　　　　　　　B.无监督学习

　　C.半监督学习　　　　　　　　　　　　　D.无监督学习与监督学习的结合

三、多项选择题

1.以下哪些是人工神经元的基本结构?　　　　　　　　　　　　　　　　(　)

　　A.细胞体　　　　　B.激活函数　　　　　C.输入　　　　　　D.输出

2.以下哪些是人工神经网络的基本结构?　　　　　　　　　　　　　　　(　)

　　A.输入层　　　　　B.隐藏层　　　　　　C.输出层　　　　　D.状态层

四、简答题

1.请简要描述阈值激活函数的原理。

2.一个人工神经元的主要组成部分有哪些? 各有什么作用?

五、实践题

　　请在教材3.3.2前馈神经网络代码的基础上,自行改变网络的结构(如层数、每层神经元数)、激活函数、学习方法等超参数,观察神经网络的训练过程和输出。

第 4 章 深度学习

近年来，深度神经网络和深度学习技术引发了前所未有的技术变革。今天，我们能在手机上轻松实现人脸识别、语音识别等任务，这似乎是理所当然的事。然而，在深度学习技术普及之前，这些技术并不如今天般成熟。以语音识别为例，早期的语音识别系统，如在2000年左右流行的IBM ViaVoice，要求用户在使用前进行个性化的语音训练，即通过朗读特定语音样本来提高识别准确率。即便如此，这些系统的识别效果仍然有限，特别是在处理不同口音和方言时，其适应性严重不足。随着人工智能技术，尤其是深度学习和大数据的迅猛发展，现今的语音识别系统在准确性、智能性、灵活性以及应用范围上，已经远远超越了早期的那些技术。在这一章，我们将介绍深度学习技术及常用的深度学习模型。

4.1 深度学习：破解深度神经网络训练难题

在上一章的最后，我们提到，深度神经网络在早期面临难以训练的困境，这主要归因于梯度消失和梯度爆炸问题，以及高维空间中复杂的优化难题。这些挑战导致网络在训练过程中难以有效更新权重，进而影响了模型的性能和准确性。**深度学习（deep learning）特指基于深层神经网络模型和方法的机器学习方法**。深度学习技术的提出，正是为了解决深度神经网络无法有效训练的问题。

最早的深度学习技术于2006年被辛顿和他的学生罗斯兰·萨拉库蒂诺夫（Ruslan Salakhutdinov）提出。深度学习的计算技术的提出，再加上以下诸多因素的共同推进，使得2010年之后，深度学习得以快速发展。

（1）GPU的发展，带来建模算力的提升；

（2）大数据带来海量的训练数据；

（3）ReLU激活函数被提出，可以有效缓解梯度消失问题。

接下来的十年间，深度学习技术、大数据集与GPU的发展交叉互促，使人工智能的发展迎来了新一轮的浪潮。以下将介绍一些常用的深度学习模型。

4.2　常用的深度学习模型

4.2.1　卷积神经网络：提取高维数据特征

卷积神经网络（convolutional neural network，CNN）是一种最常用的深度学习网络。卷积神经网络的架构灵感来自视觉皮层组织，它主要用于对空间上有相关性的数据进行建模，比如图像、视频、地理相关信息（如交通、污染空间分布等）。

卷积神经网络的基本结构如图4-1所示。以对图片建模为例，一张图片由众多像素（pixel）组成的矩阵来表示，形成输入层数据。接着，由多个卷积（convolution）层和池化（pooling）层提取图片中的高维特征，形成一个高维矩阵。之后，将这个矩阵进行**Flatten**操作（即把高维的矩阵"压平"），经过一个**全连接神经网络**，最后得出结果。

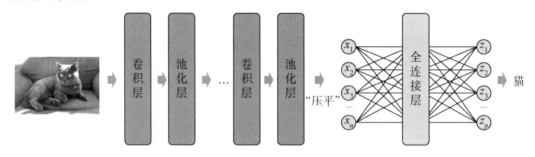

图4-1　卷积神经网络示意

由上可见，卷积神经网络中最重要的组成部分就是卷积层和池化层，下面来介绍卷积和池化这两种计算操作。

1.卷积

对两个矩阵进行卷积，即对矩阵元素进行内积求和，比如：

$$\text{conv}\left(\begin{bmatrix}1 & 2\\3 & 4\end{bmatrix},\begin{bmatrix}1 & 0\\0 & 1\end{bmatrix}\right)=1\times1+2\times0+3\times0+4\times1=5$$

对一个图像而言，我们可以用一个卷积核（kernel），也称为filter，对图像进行卷积，如图4-2所示（灰度图，"0"代表黑色，"1"代表白色）。

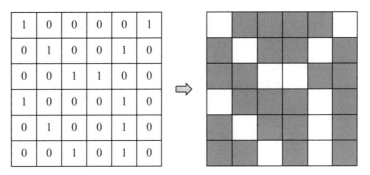

图 4-2　作为输入的灰度图像示意

而卷积核如图 4-3 所示。

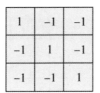

卷积核 1

图 4-3　一个卷积核示意

观察这个卷积核可以发现，其代表了一条右下角方向的斜线，用这个卷积核与上述图像进行卷积，此时两个矩阵的尺寸不同，所以从 6×6 的图像上，按从左到右、从上到下的顺序，依次选取 3×3 的部分图像进行卷积。以下面两次卷积为例，其与卷积核进行卷积的结果如图 4-4 所示。

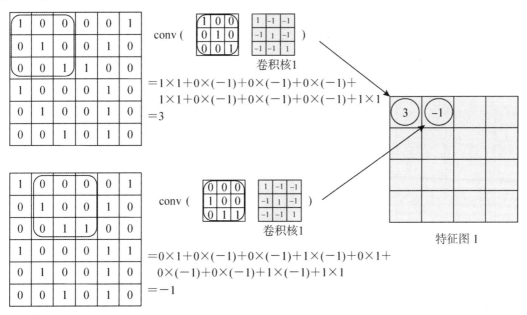

图 4-4　卷积计算示意

可以发现，卷积的结果有时大有时小，那么这个数值的大小反映了哪些信息呢？观察上述例子可以发现，当图像中包含与卷积核相似的特征（向右下角的斜线）时，卷积操作的结果就大，否则卷积的结果就小。因此，**卷积操作可以认为是一个特征提取的过程，而卷积核就代表了待提取的特征**。将此卷积核从左到右、从上到下对整个图像进行卷积之后，将每一个位置卷积的结果存放在**特征图**（feature map）中，就能实现对整个图像进行特征提取。在上述例子中，每一行将进行4次卷积，总共4行，最终会得到一个4×4的特征图。就像之前提到的，数值越大，代表这个位置具有与卷积核匹配的特征。总之，卷积核可以看成一种特征提取器，在图像上的每个局部区域提取其所代表的特征，如图4-5所示。

3	−1	−3	−1
−3	1	0	−3
−3	−3	0	1
3	−2	−2	−1

图4-5　卷积计算得到的特征

通常来说，仅提取一种特征是不够的，因此，一个卷积层可以包含多个卷积核，以便同时提取多种不同的特征。比如，以不同方向的直线作为特征，每个方向都用一个卷积核来表示，这样就可以提取图像中各种方向的特征。类似地，每个卷积核在与图像进行卷积之后，都会产生一个特征图。所以，一张二维图像经过卷积操作后，就会产生多张二维的特征图，从而变成一个三维数据（特征矩阵），如图4-6所示。

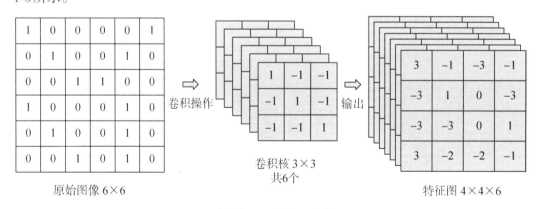

图4-6　多个卷积核计算得到特征矩阵

卷积网络并不局限于一个卷积层，它可以由多个卷积层组合而成（深度卷积网络），通常，较浅的卷积层负责捕获低级特征，如边缘、颜色、梯度方向等，而较深的卷积层则可以提取高级特征（如形状、物体等），这在后文中会有详细论述。

在卷积操作中，有几个重要参数决定了卷积计算的过程和输出特征图的大小。假设原始图像大小为 $N \times N$，卷积核大小为 $F \times F$，那么我们获得的特征图大小为：$[(N-F)+1] \times [(N-F)+1]$。比如在上述例子中，图像大小是 6×6，卷积核大小是 3×3，因此会得到 4×4 的特征图。

另外，还有一个要考虑的参数是每次移动卷积核的步数，我们称之为**步长**（stride）。上述卷积采用了步长为1的情况，即每次卷积核往左或者往下走一步，假设每次卷积核的步长为 S，那么特征图的大小会是多少呢？考虑如图4-7所示的例子。

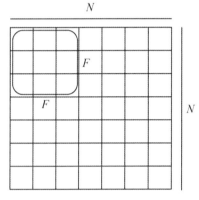

步长：S

特征图边长：$(N-F)/S+1$

当 $N=7$，$F=3$ 时
· 步长 $S=1$ 时，特征图边长：$(7-3)/1+1=5$
· 步长 $S=2$ 时，特征图边长：$(7-3)/2+1=3$
· 步长 $S=3$ 时，特征图边长：$(7-3)/3+1=2.33$

图4-7　通过卷积参数计算特征图大小

从上述例子可以发现，在一些参数设定下，特征图大小的理论值可能不是整数。为了避免类似的问题，我们会对输入的图像进行**填充操作**（padding），即给输入图像加上值为0或者1的边框。如用0填充，当填充 ＝ 1时（图像的四周各增加1行或者1列），图像将变成如图4-8所示的样子。

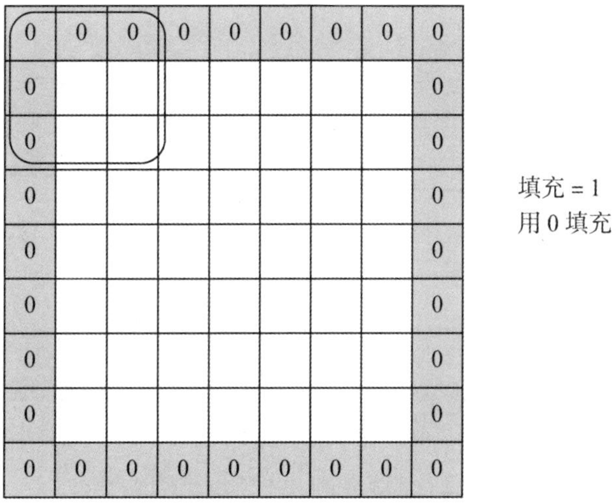

图4-8　图像的填充操作示意

综上所述，卷积操作中重要的参数如下。这些参数也是描述卷积神经网络的重要部分。

● 卷积核大小：卷积核的边长；

● 步长：决定卷积核每次滑动多少步；

● 填充：在输入外围边缘补充若干圈0或1，使其输入加宽，一般保证总长能被步长整除。

2. 池化

卷积是卷积神经网络中最重要的操作，与卷积配合的一种操作称为池化（pooling），用于减小特征图的大小。

为什么需要池化操作呢？这里举例说明，如图4-9所示，这个特征图是存在冗余信息的，比如左上角的斜线，其实被卷积核（部分地）捕捉到多次。

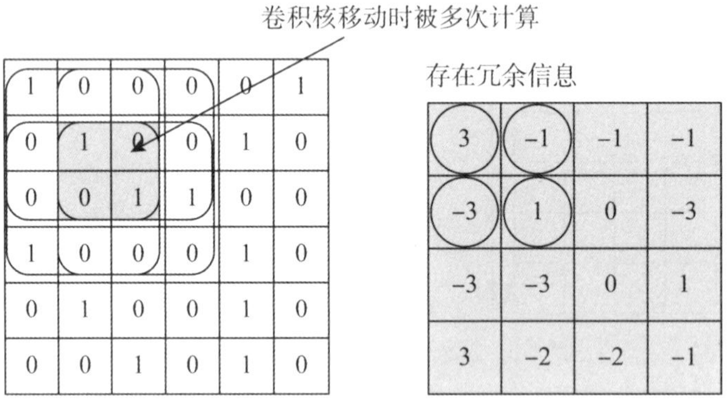

图 4-9　有关特征图为何存在计算冗余的解释

此时，可以在相邻的特征值中取一个最大值。池化的重要参数是**池化核**的大小，以常见的 2×2 最大池化为例，从特征图的每个 2×2 的小矩阵中取其中的最大值，以此形成一个新的特征图（见图4-10）。

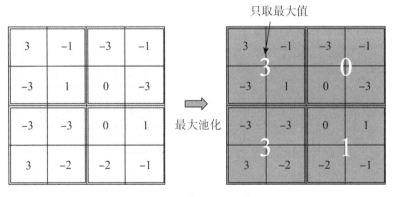

图 4-10　最大池化示意

由图4-10可以看到，这个新的特征图仍然保存了特征信息（在左上角和左下角有此特征），但其尺寸比原特征图减小了，从而降低了建模的计算开销。

最大池化（max pooling），即上述取最大值的池化方法是最常用的池化。除此之外，还有平均池化（average pooling），即每个单元取平均值，如图4-11所示。一般而言，最大池化要比平均池化效果更好。

在卷积神经网络中，一般会在一层或多层卷积之后进行一次池化。而在全部卷积和池化操作之后，一般会将图像平展为列向量，然后输入到一个全连接网络中，最后再通过一个Softmax层，进行结果分类。

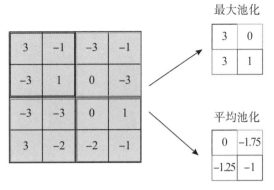

图4-11　最大池化与平均池化

3.卷积神经网络的优势

至此，你可能会感到奇怪，卷积神经网络也是深度神经网络，那为何它能有效训练呢？为了回答这个问题，我们先来看一下卷积神经网络与全连接网络的区别。以图像信息处理为例，前面提到，对于全连接神经网络，我们要将所有的像素点都输入神经网络，然后构建一个庞大的神经网络模型。例如，一张 100×100 的彩色图片，仅输入层就有 $100 \times 100 \times 3 = 30000$ 个参数（此处最后的数字 3，是因为彩色图片一般需要红、绿、蓝这三个颜色通道，可将其看作三张单色图片叠加在一起的结果），而卷积网络则不需要这么多参数。卷积网络的参数量与输入图像关系不大，只与卷积核的大小以及卷积核的数量有关，因此参数量大大下降。对于**参数量的有效消减是卷积神经网络成功的关键，它使得卷积神经网络虽然仍是深度神经网络，但可以通过反向传播和梯度下降的方式得到有效的学习和训练**。卷积神经网络的层数可以有很多，比如，VGGNet可以有16～19层，而ResNet通过进一步的结构优化，可以达到100多层。图4-12通过例子说明了卷积神经网络是如何减少参数数量的。

那么，为何通过上述卷积计算就能有效提取数据的特征呢？卷积操作的一个基本假设是，在一张图片中，特征出现的位置是不确定的。比如含有一只猫的图片，我们也许不需要知道这只猫是在跑还是在睡觉，但只要它是只猫，它的眼睛、耳朵等就会符合一定的特征。我们可以根据这点，用一个卷积核专门去探测这种特征，并在图片的不同部位通过同样的卷积参数进行计算。这样，神经网络的参数规模就可以大大缩小。另外，卷积神经网络能保持二维数据的拓扑关系，因此更能捕捉空间中的相关性。

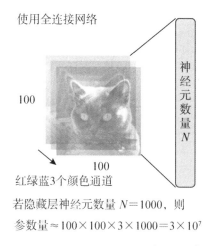
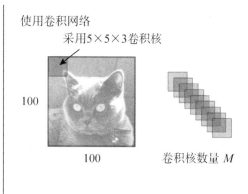

使用全连接网络

使用卷积网络

采用5×5×3卷积核

100

神经元数量 N

100

100

红绿蓝3个颜色通道

100

卷积核数量 M

若隐藏层神经元数量 $N=1000$，则

参数量 $\approx 100 \times 100 \times 3 \times 1000 = 3 \times 10^7$

若卷积核数量 $M=100$，则

参数量 $\approx 5 \times 5 \times 3 \times 100 = 7500$

图4-12　卷积计算降低网络参数数量

4.卷积神经网络的可解释性

那么，卷积神经网络所学习的特征如何体现呢？前面提到，卷积核可以看作特征提取器，而卷积核的参数也是通过数据驱动的反向传播算法学习的，这体现了数据本身的特性。因此，通过对卷积核进行可视化，我们可以分析卷积神经网络具体学习到了什么。

以图4-13为例，浅层卷积通常能够捕获图像的基本特征，如边缘信息和轮廓信息（虽然图中直接标注为"边缘信息"的是更泛指的描述，但可以理解为浅层关注于基础图形元素），这是识别物体的基础。随着网络层次的深入，中层卷积开始学习到更加复杂的特征，如汽车的部分结构或形状。而深层卷积则能够捕捉到高度抽象和特定的特征，足以区分不同类别的物体，如汽车轮子、车灯等部件。**卷积神经网络通过分层学习，从简单到复杂，逐步提取图像中的有用信息，最终实现高精度的图像识别和理解。**

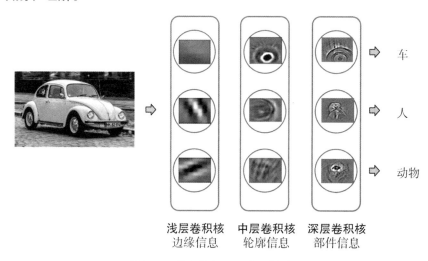

浅层卷积核　　中层卷积核　　深层卷积核
边缘信息　　　轮廓信息　　　部件信息

车

人

动物

图4-13　卷积神经网络的可解释性

5.卷积神经网络的应用

卷积神经网络在计算机视觉领域具有较为广泛的应用，如图像分类、图像分割等。以下介绍其典型的应用和常用的网络模型。这些模型大部分基于卷积网络结构，但在不同场景下有不同的设计，这里不具体介绍每种方法的细节，只展现不同方法的应用场景。

（1）图像分类。CNN在图像分类任务中表现出色，通过学习图像中的特征来将图像分为不同的类别（见图4-14）。

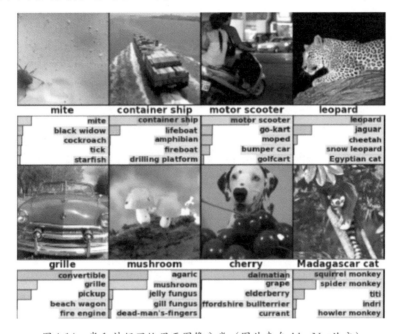

图4-14　卷积神经网络用于图像分类（图片来自AlexNet论文）

例如，在图像分类问题中，基于CNN的模型如AlexNet、VGGNet、ResNet等都取得了优异的成绩。AlexNet网络模型是计算机视觉领域中首个被广泛关注并使用的卷积神经网络，它在2012年ImageNet竞赛中以绝对优势夺冠。

（2）目标检测。CNN能够识别图像中的物体并定位它们的位置，这对于自动驾驶汽车、视频监控和无人机等领域至关重要（见图4-15）。

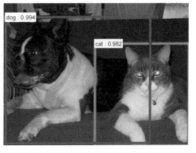

图4-15　卷积神经网络用于目标检测（图片来自Faster R-CNN论文）

例如，常见的目标检测框架如R-CNN、Fast R-CNN、Faster R-CNN和YOLO等都是基于CNN构建的。

◉ 基于区域的卷积神经网络（region-based convolutional neural network，RCNN）：RCNN是一类用于目标检测的网络模型，通过提取候选区域并对每个区域进行分类，实现目标的精确定位和分类。RCNN系列包括Fast RCNN和Faster RCNN，这两者逐步提高了目标检测的速度和精度。

◉ YOLO：YOLO（You Only Look Once）是一种端到端的目标检测算法，它将目标检测任务作为回归问题来解决，因此具有极高的检测速度。YOLO非常适合实时应用场景，如自动驾驶中的目标检测和跟踪。

（3）图像分割。CNN可用于图像分割，将图像中的每个像素进行分类或标记，以生成像素级别的分割结果（见图4-16）。这在医学图像分析、卫星图像处理和自动驾驶等领域非常有用。

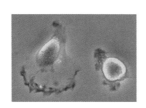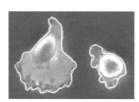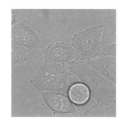

图4-16　卷积神经网络用于图像分割（图片来自U-Net论文）

例如，U-Net是一种用于图像分割的网络结构，最初被用于生物医学图像处理。它由编码器和解码器组成，能够对图像中的目标进行精细的分割，因此，在医学影像分析、卫星图像分割等任务中得到了广泛的应用。

（4）图像生成与风格迁移。CNN还可以用于图像生成任务，如通过生成式对抗网络（GAN）生成逼真的图像。同时，CNN也被用于艺术风格转换，可以将普通照片转换成艺术作品的风格，如油画、水彩画等（见图4-17）。

卷积神经网络不仅仅用在视觉问题上，在很多有空间相关性的问题中都能利用卷积神经网络进行建模，例如以下应用场景。

交通：交通是有空间相关性的，比如一条路出现拥堵就会引起相邻的路拥堵。因此，在处理交通相关问题时，经常会用到卷积神经网络。

空气污染：空气污染的分布也有空间相关性，基于此，可以把污染的分布看成一张图像，然后用卷积神经网络来建模。

人口分布：类似空气污染物和交通，人口的分布和流动也有很强的空间相关性，也可以利用卷积神经网络来建模。

图 4-17　卷积神经网络用于图像风格迁移（图片来自论文《A Neural Algorithm of Artistic Style》）

4.2.2　循环神经网络：序列数据建模利器

循环神经网络（recurrent neural network，RNN）可以认为是第二常用的（仅次于卷积神经网络）一类深度学习模型，其主要对在时间上有相关性的数据进行建模。比如在文本生成问题中，用户输入了"今天天气很好，我决定去"，这是一个不完整的句子，但我们希望系统能够自动补全它，比如"今天天气很好，我决定去公园散步"。为了完成这个任务，模型需要理解句子中的上下文信息，比如"今天天气很好"这个前提，以及"我决定去"这个动作背后的意图或计划。

RNN 正好擅长处理这种序列数据，它能够根据前面的输入来预测下一个输出，并在预测过程中保持对前面输入的记忆。这样，当模型处理到"我决定去"这个短语时，它就能根据之前的上下文信息来推断出一个合理的后续动作或场景，比如"公园散步""爬山"等。

在现实生活中，需要进行序列信息分析与建模的场景还有很多，比如：

◉ 用过去一周的气温，预测明天的气温；

◉ 用过去几年的国内生产总值（gross domestic product，GDP），预测今年的GDP；

◉ 语音识别；

◉ 输入一句提问，让系统自动回答问题。

最后一个例子属于自然语言处理（natural language processing，NLP），一段文字可以看作单词的序列，是有前后次序的，因此也用循环神经网络来处理。

1. 循环神经网络的基本单元

循环神经网络之所以可以捕捉时间上的相关性，是因为它实现了某种"记忆"的功能。对传统的神经网络隐藏层来说，其状态 h 仅取决于当前的输入 x，而在循环神经网络中，h 不仅取决于当前的 x，还取决于上一个时刻的隐藏状态 h_{t-1}（见图4-18）。

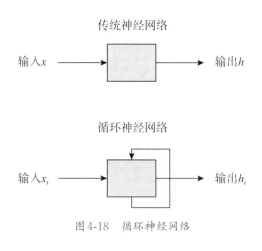

图4-18　循环神经网络

因此，可以看作在网络中，有个从隐藏层到隐藏层的循环，故名循环神经网络。可以把一个循环神经网络按时序展开，假设有 t 个时刻，就可以展开 t 层网络（见图4-19）。

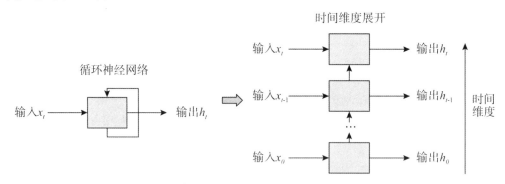

图4-19　循环神经网络时间尺度展开示意

因此，在 t 时刻可以追溯到 $t-1$ 时刻，以此类推，一直可以追溯到0时刻，于是网络就有了记忆。

2. 循环神经网络的常用类型

上述RNN是最朴素的结构，但这种朴素的结构存在梯度消失问题，导致网络有较好的短期记忆能力，但缺乏长期记忆能力。而对于时序预测来说，长期记忆往往是很重要的。当理解一段文字的时候，开头的部分可能是很重要的；当预测明天的天气时，不仅要参考过去几天的温度，可能去年此时的温度也很有参考价值。

为了提升长期记忆能力，我们常常使用RNN的变形——长短记忆模型（long short term memory network，LSTM）。其基本思路是通过一些所谓的"门"来决定记忆的长度，即通过"门"的开关决定每一段记忆依赖之前多久的信息。图4-20是LSTM的门结构示意，其中主要包含三种门。

输入门（input gate）：决定要获取多少新的长期记忆；

遗忘门（forget gate）：决定要遗忘多少之前的长期记忆；

输出门（output gate）：决定当前隐藏层的输出值。

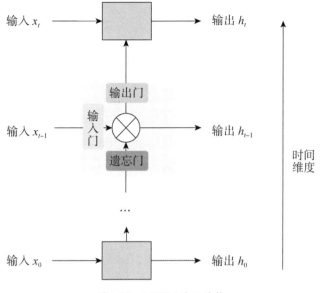

图 4-20 LSTM 的门结构

RNN 的变形除了 LSTM 之外，还有很多常用的网络类型，例如：

◉ 双向 LSTM（bidirectional LSTM，BiLSTM）：双向 LSTM 是在标准 LSTM的基础上增加了一个反向传递层，使得模型可以同时利用前后两个方向的信息，这在自然语言处理任务中非常有效。

◉ 门控循环单元（gated recurrent unit，GRU）：GRU 是 LSTM 的简化版本，它合并了 LSTM 中的输入门和遗忘门。因此参数更少、计算速度更快，并且在很多任务中，它仍能保持与 LSTM 相当的效果。

3.循环神经网络的应用

RNN 主要用于处理序列数据，如时间序列、文本等。RNN 及其变形在诸多领域已经有了不少应用。

◉ 语音识别：将语音数据输入模型后，会生成相应的文本信息，比如我们在微信上常用的语音转文字功能，就是基于此实现的。

◉ 文字补全：在自然语言处理领域，一个常见的应用就是自动输入补全，比如当输入是 "the students opened their" 时，模型会预测下一个词是什么，如 "books"或 "laptops"。

◉ 网约车调度流量预测：通过建立 LSTM 深度学习模型进行网约车流量预测。借助这种预测，网约车公司可以在用车高峰期来临前提早进行车辆调度，进而优化城市交通管理。

◉ 经济运行态势预测：将城市的税收经济数据输入具有时序特征的 RNN 模型，从而对城市 GDP、核心产业的经济增加值等宏观经济指标进行预测。

4.2.3 自编码器网络：无监督特征提取器

近年来，在深度学习中出现了很多无监督学习的方法。与监督学习不同，无监督学习的过程不需要任何显式的输出标签或结果，其主要任务是探索数据内在的结构和模式。这里主要介绍一种典型的无监督深度学习模型——自编码器（autoencoder）。

对一个自编码器来说，它的建模目标是 $x = f(x)$，即希望输出与输入一致。当然，这个网络是有一定限制的，如图4-21所示，网络中间层的宽度是大大小于 x 向量的宽度的。所以，如果 x 经过网络中间层的压缩后，最终还能还原到 x 本身，那么就说明这个网络有效地对数据进行了压缩编码。

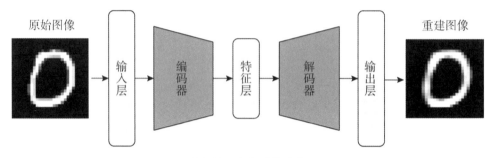

图4-21 自编码器示意

自编码器作为一种深度学习模型，在数据压缩与重建以及特征提取方面扮演着重要角色。 它通过构建编码器-解码器架构，首先将高维数据压缩成低维的潜在空间表示（即编码过程），然后从这个低维表示中尽可能地还原原始数据（即解码过程）。这种机制不仅实现了数据的有效压缩，降低了存储和传输成本，而且通过压缩过程中的信息瓶颈，迫使模型学习到数据中最具代表性的特征。这些特征能够捕捉数据的内在结构和关键信息，为后续的机器学习任务（如分类、聚类等）提供了更有效、更鲁棒的输入。因此，自编码器在图像处理、自然语言处理、推荐系统等多个领域中，作为特征提取和降维的有效工具，对提升模型性能和降低计算复杂度具有重要意义。

4.3 深度学习模型的训练技术

深度学习模型为了完成给定目标（如分类、回归等任务），需要基于大量数据进行学习，以优化其参数。深度学习模型在训练过程中，**超参数的设置和选择很重要**。同时，当数据不足时，**数据增强技术也能有效提升深度学习模型的训练效果**。超参数是在模型开始训练之前就要预先设置的参数。在深度学习模型的训练过程中，正确选择和设置超参数是模型取得优秀效果的关键因素。换句话说，深度学习模型训练的效果不仅取决于网络的结构，还取决于各种超参数的调节。以下我们将讨论一些训练中的重要超参数及一些实用的设置技巧，同时介绍数据增强的思想和常用方法，以帮助提升模型的泛化能力。

4.3.1　超参数：调控模型训练的关键因子

超参数的设置会影响模型的收敛速度、稳定性和最终的表现。以下将详细介绍一些深度学习训练中最为重要的超参数及其设置技巧，以更好地理解和应用深度学习技术，优化模型的训练效果。

1. 学习率

学习率（learning rate）是影响深度学习模型训练速度和收敛稳定性的重要超参数。学习率的概念在第二章梯度下降部分提到过，它决定每次参数更新的步长。学习率的值如果设置过大，模型可能在训练过程中不稳定，导致损失函数无法收敛；如果设置过小，训练则可能非常缓慢，甚至陷入局部最优解。一般来说，可以采用学习率衰减（learning rate decay）的方法，从较大的初始学习率逐渐减小，或者使用自适应优化方法（如 Adam、RMSprop），动态调整学习率，从而加快收敛速度并提高稳定性。

2. 优化器

优化器（optimizer）决定了模型更新权重时的具体计算方法。常见的优化器包括 SGD（随机梯度下降）、Adam、RMSprop 等。SGD 是最基础的优化方法，但在大多数情况下速度较慢且不易收敛。Adam 结合了动量和自适应学习率调整，适用于大部分深度学习任务。其收敛速度快且对超参数设置较为不敏感。选择合适的优化器和调节其超参数（如学习率），对提高模型的训练效率至关重要。

3. 批量大小

批量大小（batch size）指的是每次参数更新时使用的训练样本数量。较大的批量大小通常可以加速训练，但也需要更多的显存资源；而较小的批量大小则可能导致训练不稳定。通常的设置方法是从一个合理的初始值开始（例如 32 或 64），然后根据训练资源和效果进行调整。在一些应用中，还可以采用动态批量大小的策略，使模型在训练后期使用更大的批量，从而提高收敛速度。

4. 正则化

正则化（regularization）是指网络学习过程中的约束项，这部分在第二章已经提到。在深度学习中，常用的正则化技术有 L1 和 L2 正则化，它们通过在损失函数中增加惩罚项来防止模型过拟合。此外，Dropout 是另一种神经网络训练中常用的正则化方法，它通过在训练过程中随机丢弃部分神经元，来减少模型对特定神经元的依赖，从而提升模型的泛化能力。

5. 权重初始化

权重初始化（weight initialization）是指神经网络参数训练之前，初始值的设定方法。常用的权重初始化方法有Xavier初始化和He初始化，它们根据网络的激活函数来合理分配初始权重，避免出现梯度消失或梯度爆炸的问题，从而使模型能够更好地开始训练。

6.训练轮数

训练轮数（epochs）也是模型训练中一个重要的超参数。一个epoch是指将整个训练数据集完整地通过神经网络一次的过程，也可以理解为模型对所有训练样本学习一次。通过epochs参数，设置神经网络训练的轮数。通常设定的轮数过少会导致模型欠拟合，效果不佳，而过多的轮数会消耗大量时间，还会导致模型过拟合。此外，还可以通过设置验证集，选择合适的epochs参数，如模型损失不再降低的轮数。

综上所述，深度学习模型的训练涉及多种重要的超参数和技巧。合理设置这些超参数，不仅可以加快训练速度，还能提升模型的稳定性和泛化能力。通过深入理解和灵活调整这些超参数，可以优化深度学习模型，获得更高的准确性和性能。

4.3.2 数据增强：提升数据多样性

数据增强（data augmentation）是另一种提升深度学习模型训练效果的常用方法，它通过对训练数据进行各种变换来增加数据集的多样性，从而提升模型泛化能力，尤其是当数据量有限时，数据增强可以显著提高模型的性能。以下针对不同数据类型，简要介绍一些常用的数据增强方法和示例。

1.图像数据增强

对于图像数据，常用的增强方法包括旋转、平移、剪裁、镜像翻转、缩放以及加入随机噪声等（见图4-22）。这些变换可以帮助模型更好地适应不同角度、大小、光照条件下的图像，从而增强对新数据的泛化能力。

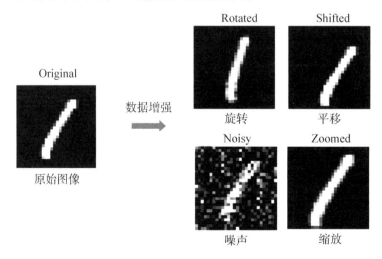

图4-22 图像的数据增强方法

以MNIST数据集中的图像增强为例，MNIST数据集包含手写数字图像，用于训练分类模型。通过数据增强，我们可以对这些手写数字进行旋转（如在−15°到+15°之间随机旋转）、平移（如在水平方向和垂直方向上各移动1~2个像素）或者添加少量噪声。例如，随机镜像翻转虽然在MNIST中不常见，但缩放或裁剪可以模拟真实世界中手写数字可能出现的各种变化，从而提升模型的泛化能力。

2.时间序列数据增强

对于时间序列数据，如在LSTM中处理的序列数据，常见的数据增强方法包括时间轴上的平移、随机截取子序列、加入随机噪声等。这些方法可以提高模型对时间序列的鲁棒性，帮助其在不同时间段内保持稳定。

例如，在处理股票价格的时间序列数据时，可以通过对时间轴进行小幅度平移，或者随机截取不同时间段的数据来增加数据集的多样性。此外，加入随机噪声可以帮助模型学会忽略小的波动，从而更加关注整体趋势。

3.文本数据增强

对于文本数据，可以通过同义词替换、随机删除、插入词语以及随机打乱词序等方式来实现数据增强。这些方法可以让模型学会理解更多不同的表述方式，从而增强其对语义的理解能力。

例如，在情感分析任务中，可以使用同义词替换，将句子中的"愉快"替换为"高兴"，这在不改变整体语义的情况下增加数据的多样性。此外，还可以随机删除某些修饰词，例如"非常"，以让模型学会忽略对语义没有决定性影响的词语，从而提升其稳健性。

数据增强的主要目标是，在不增加标注数据的情况下，提升模型的泛化性能。这些方法通过人为增加数据的多样性，使得模型更好地应对各种数据的变动情况，从而提高其在真实场景中的表现。通过合理地组合和应用这些技术，可以显著提高深度学习模型的训练效果和泛化能力。

4.4 实战应用：编写深度学习模型

我们通过Keras框架来编程实现一些典型的深度学习模型。在实际应用中，可以用以下示例作为基础代码，针对具体问题在此基础上对模型结构和参数进行调整，以做到举一反三。要在线运行本章代码，请扫描本教材前言中的二维码访问Mo平台。

4.4.1 CNN实践：手写数字识别

首先，我们用CNN网络进行手写数字识别。在上一章中，我们采用全连接网络完成了手写数字识别任务，并在测试集上获得了97.2%的分类性能。在这一章中，我们将采用CNN来完成同样的任务。

以下是一个使用 Keras 框架中的 LeNet 架构对 MNIST 手写数字进行分类的 Python 代码示例。LeNet 是一个经典的卷积神经网络架构，最初被用于手写字符识别。

1.数据加载

首先，加载所需要的模块，并使用 mnist.load_data() 函数加载 MNIST 数据集。

```python
import tensorflow as tf
from tensorflow.keras.datasets import mnist
from tensorflow.keras.models import Sequential
from tensorflow.keras.layers import Conv2D, AveragePooling2D, Flatten, Dense
from tensorflow.keras.utils import to_categorical

# 加载MNIST数据集
(x_train, y_train), (x_test, y_test) = mnist.load_data()
```

2.数据预处理

将训练集和测试集的图像数据转换为 (num_samples, 28, 28, 1) 的形状，并归一化到 [0, 1] 范围，再将标签转换为one-hot编码。

```python
# 数据预处理
x_train = x_train.astype('float32') / 255.0
x_test = x_test.astype('float32') / 255.0
x_train = x_train.reshape((x_train.shape[0], 28, 28, 1))
x_test = x_test.reshape((x_test.shape[0], 28, 28, 1))

# 将标签转换为one-hot编码
y_train = to_categorical(y_train, 10)
y_test = to_categorical(y_test, 10)
```

3.定义 LeNet 模型

首先使用 Sequential 初始化一个模型 model。接着，添加输入层、两个卷积层（每个卷积层后面跟着一个平均池化层）、一个展平层、两个全连接层和一个输出层（softmax 分类器）。

　　与之前构建全连接网络相似，增加一个卷积层同样需要使用 .add() 函数，卷积网络层已经在 Conv2D 中予以定义，在此仅需输入相应的卷积参数，包括卷积核数量（filters）、卷积核大小（kernel_size）、激活函数类型（activation）以及填充类型（padding）等。如果当前层是输入层，则需指定输入数据大小（input_shape）。

```python
# 创建 LeNet 模型
model = Sequential()

# 第一层卷积层（6个5*5卷积核）+ 平均池化层
model.add(Conv2D(6, kernel_size=(5, 5), activation='tanh', input_shape=(28,
28, 1), padding='same'))
model.add(AveragePooling2D(pool_size=(2, 2)))

# 第二层卷积层（16个5*5卷积核）+ 平均池化层
model.add(Conv2D(16, kernel_size=(5, 5), activation='tanh', padding='valid'))
model.add(AveragePooling2D(pool_size=(2, 2)))

# 展平层，将多维输入一维化
model.add(Flatten())

# 两个全连接层（分别有120和84个神经元）
model.add(Dense(120, activation='tanh'))
model.add(Dense(84, activation='tanh'))

# 输出层
model.add(Dense(10, activation='softmax'))
```

4. 编译模型

指定优化器为 Adam，损失函数为 categorical_crossentropy，评估指标为 accuracy。

```python
# 编译模型
model.compile(optimizer='adam',
        loss='categorical_crossentropy',
        metrics=['accuracy'])
```

5.训练模型

使用 fit 方法训练模型，指定训练数据、训练轮数（epochs）、批量大小（batch_size）和验证集比例（validation_split）。

```
# 训练模型
model.fit(x_train, y_train, epochs=10, batch_size=64, validation_split=0.2)
```

6.评估模型

使用 evaluate 方法在测试集上评估模型性能，并打印测试准确率。

```
# 评估模型
test_loss, test_acc = model.evaluate(x_test, y_test)
print(f'Test accuracy: {test_acc}')
```

7.对测试数据标签进行预测

使用 predict 方法对测试集进行预测。

```
# 预测
predictions = model.predict(x_test)
```

代码运行时输出示例如下：

```
Epoch 1/10
750 / 750 [==============================] - 45s  60ms / step - loss: 0.3032 - accuracy: 0.9084 - val_loss: 0.1073 - val_accuracy: 0.9672
Epoch 2/10
750 / 750 [==============================] - 44s  59ms / step - loss: 0.0944 - accuracy: 0.9709 - val_loss: 0.0931 - val_accuracy: 0.9726
Epoch 3/10
750 / 750 [==============================] - 44s  59ms / step - loss: 0.0676 - accuracy: 0.9794 - val_loss: 0.0667 - val_accuracy: 0.9807
Epoch 4/10
750 / 750 [==============================] - 44s  59ms / step - loss: 0.0533 - accuracy: 0.9832 - val_loss: 0.0592 - val_accuracy: 0.9822
Epoch 5/10
```

```
750 / 750 [==============================] - 45s  60ms / step -
loss: 0.0431 - accuracy: 0.9862 - val_loss: 0.0703 - val_accuracy: 0.9811
    Epoch 6/10
    750 / 750 [==============================] - 45s  60ms / step -
loss: 0.0367 - accuracy: 0.9885 - val_loss: 0.0701 - val_accuracy: 0.9794
    Epoch 7/10
    750 / 750 [==============================] - 46s  61ms / step -
loss: 0.0316 - accuracy: 0.9898 - val_loss: 0.0445 - val_accuracy: 0.9872
    Epoch 8/10
    750 / 750 [==============================] - 44s  59ms / step -
loss: 0.0269 - accuracy: 0.9911 - val_loss: 0.0515 - val_accuracy: 0.9851
    Epoch 9/10
    750 / 750 [==============================] - 44s  59ms / step -
loss: 0.0231 - accuracy: 0.9921 - val_loss: 0.0515 - val_accuracy: 0.9855
    Epoch 10/10
    750 / 750 [==============================] - 45s  59ms / step -
loss: 0.0206 - accuracy: 0.9931 - val_loss: 0.0424 - val_accuracy: 0.9876
    313/313 [==============================] - 3s 10ms/step - loss:
0.0368 - accuracy: 0.9886
    Test accuracy: 0.9886
```

可见，采用 LeNet 的手写数字分类准确率相比全连接网络有所提升，准确率达到了 98.9%。

4.4.2　RNN 实践：自动文本补全

在本示例中，我们采用 LSTM 模型进行文本生成。这个示例将训练一个简单的字符级文本生成模型，你可以将其应用于任何文本数据。以下是一个使用 Keras 框架中的 LSTM 进行文本生成的 Python 代码示例。其功能是输入一段指定文字，LSTM 模型将记住这段文字的内容，从而仅输入开头就能补全这段文字。在实际应用中，你可以把输入文字替换成很长的文本（甚至是一本书），同时扩大神经网络的参数，看看 LSTM 会学习到怎样的功能。

1.加载需要的库

这里由于需要处理文本数据，新增加了 Embedding 和 Tokenizer，其功能将在后面内容中进行介绍。

```
import numpy as np
import tensorflow as tf
from tensorflow.keras.models import Sequential
from tensorflow.keras.layers import LSTM, Dense, Embedding
from tensorflow.keras.preprocessing.text import Tokenizer
from tensorflow.keras.preprocessing.sequence import pad_sequences
from tensorflow.keras.utils import to_categorical
```

2.设置文本

首先，我们需要指定一段文本作为神经网络需要"记住"的内容，这里我们采用以下这个简单的句子。

```
# 示例文本（你可以替换为任何文本数据）
text = (
    "hello world! hello everyone. programing is fun."
)
```

3.文本预处理

目前，我们输入的内容是文本字符，而在实际计算中我们需要通过数值进行计算，因此需要把文本转换为数值。这里需要用到 Tokenizer 工具。Tokenizer 是一个用于文本向量化的工具，它会将文本转换为一系列整数，并创建一个字符索引映射，即每个词将用一个整数（即索引）替代。其中，num_words 指词汇表大小，这里设置为 50；filters 可以用来指定要过滤掉的字符（这里设置为空字符串，意味着不过滤任何字符）。

接下来，调用 fit_on_texts([text]) 让 Tokenizer 自动学习文本中的词汇，调用 texts_to_sequences([text]) 将文本转换为整数（索引）序列。

```
# 对文本进行预处理
max_features = 50  # 字典中最多包含的字符数
tokenizer = Tokenizer(num_words=max_features, filters='')
tokenizer.fit_on_texts([text])
sequences = tokenizer.texts_to_sequences([text])[0]
```

4.创建输入和目标序列

接下来，我们要为RNN生成用于训练的数据序列，包括输入和输出。首先，我们要设置参数maxlen，这个参数指我们将文本序列输入RNN时，每次输入的最大长度，即网络每次处理的字符数量，这里我们设置为3。

那么，RNN训练数据的输入和输出应当如何设置呢？由于我们的任务是序列生成的，当输入第k位置的字符时，我们期待网络输出第$k+1$位置的字符，即预测下一个字符。因此，我们以给定的文本为例，指定序列长度为3，则第一个训练数据的输入序列是hel，目标输出序列是ell；第二个训练数据输入序列ell，目标输出序列是llo，以此类推。

为了从原始文本生成我们需要用于训练的序列数据（包括输入序列和对应的输出序列），我们构建create_sequences函数来实现此功能。create_sequences函数给定文本sequences和序列长度maxlen，自动将sequences文本切分出用于RNN训练的输入序列集合x和对应的输出序列y。

```python
# 设置参数
maxlen = 3  # 输入序列长度

# 将输入序列和目标序列分开
def create_sequences(data, maxlen):
    xs, ys = [ ], [ ]
    for i in range(0, len(data)):

        if i < maxlen:
            if i == 0:
                x = [0]
            else:
                x = data[:i]
            y = data[:i + 1]
        else:
            x = data[i - maxlen:i]
            y = data[i - maxlen + 1:i + 1]

        x = pad_sequences([x], maxlen=maxlen, padding='pre')[0]
        y = pad_sequences([y], maxlen=maxlen, padding='pre')[0]
```

```
        xs.append(x)
        ys.append(y)
    return np.array(xs), np.array(ys)

x, y = create_sequences(sequences, maxlen)
```

5. 输出的one-hot编码

由于LSTM的输出是one-hot编码的，所以我们需要将目标序列转换为one-hot编码。与之前例子相似，这里使用to_categorical函数，即可将输出y转换为one-hot形式。

```
y = [to_categorical(i, num_classes=max_features) for i in y]
x, y = np.array(x), np.array(y)
```

6. 构建LSTM模型

这里，我们同样使用Sequential函数来构建LSTM模型。初始化一个模型，命名为model，接着，我们一层一层地构建模型。首先添加Embedding层，由于词汇表中的每个词是一个整数（索引），而真实计算时，我们需要通过一个向量来表示它。因此，通过Embedding层将整数（词汇索引）转换为固定大小（这里设置为128）的密集向量，而输入序列的长度由input_length指定。接下来，我们加入一个包含256个神经元的LSTM层和一个Dense输出层。

```
# 构建LSTM模型
model = Sequential()
model.add(Embedding(max_features, 128, input_length=maxlen))
model.add(LSTM(256, return_sequences=True))
model.add(Dense(max_features, activation='softmax'))
```

7. 编译和训练模型

与之前类似的，使用compile方法指定模型训练的损失函数和优化器，进而使用fit方法训练模型。这里我们只用很少的数据进行演示，实际应用中需要更多的数据，则需要更大的batch_size和epochs。

```
# 生成文本
# 编译模型
model.compile(loss='categorical_crossentropy', optimizer='adam')
# 训练模型
model.fit(x, y, batch_size=1, epochs=100)
```

8.生成文本

编写 generate_text 函数用于根据给定的种子文本生成新的文本。在每个生成步骤中，将输入文本转换为序列，使用模型预测下一个字符的索引，并将预测的字符添加到结果中。

```
# 生成文本
def generate_text(model, tokenizer, maxlen, seed_text, num_generate):
    result = list(seed_text)
    in_text = seed_text
    for _ in range(num_generate):
        # 将输入文本转换为序列并填充
        sequence = tokenizer.texts_to_sequences([in_text])[0]
        sequence = pad_sequences([sequence], maxlen=maxlen, padding='pre')

        # 预测下一个字符的索引
        yhat = model.predict(sequence, verbose=0)[0][-1]
        yhat = np.argmax(yhat)

        # 将预测的字符添加到结果中
        result.append(tokenizer.index_word[yhat])

        # 更新输入文本为新的生成文本
        in_text += " "
        in_text += tokenizer.index_word[yhat]

        # 如果生成的字符是空格或换行符，则停止生成（这里只是示例，实际
        工作中你可能不需要这个条件）
        if tokenizer.index_word[yhat] == 'fun.':
```

```
        print(in_text)
        in_text = seed_text

# 使用训练好的模型生成文本
seed_text = "hello"
num_generate = 5
generate_text(model, tokenizer, maxlen, seed_text, num_generate)
```

以下是示例模型在训练过程中的输出结果：

```
Epoch 1/100
7 / 7 [==============================] - 0s 12ms / step - loss:
3.8885
Epoch 2/100
7 / 7 [==============================] - 0s 14ms / step - loss:
3.7921
Epoch 3/100
7 / 7 [==============================] - 0s 27ms / step - loss:
3.6317
Epoch 4/100
7 / 7 [==============================] - 0s 14ms / step - loss:
3.3142
Epoch 5/100
7 / 7 [==============================] - 0s 15ms / step - loss:
2.8515
```

训练结束后，模型会进行文本生成。

```
hello world! hello everyone. programing is fun.
```

在这个例子中，为了简单起见，我们仅使用一小段示例文本进行训练，因此模型记住了示例文本，也只会输出同样的文字。通过采用更大的训练数据集（可以从文本文件中读入），可以获得具有泛化能力的网络。比如，LSTM模型可以学会自动写诗、写文章、写代码等有趣的功能。在实际应用中，你可能需要使用更大的数据集和更多的训练轮数来获得更好的结果。此外，你可能还需要调整模型的参数，如LSTM层的单元数、嵌入层的维度等。

4.5 案例分析

在这一节，我们将通过两个实际案例，更具体和形象地说明深度学习模型在社会科学领域的具体问题中是如何发挥作用的。

4.5.1 利用循环神经网络进行文本情感分析

文本情感分析是一种重要的自然语言处理技术，其意义在于能够理解和解析文本中所蕴含的情感倾向，如正面、负面或中立。这一技术广泛应用于多个领域，包括：①社交媒体监控，帮助企业了解公众对其品牌或产品的看法；②客户服务，通过自动分析客户反馈来快速响应并改进服务质量；③金融市场预测，分析新闻报道或社交媒体情绪来预测股票价格波动；④政治舆情分析，跟踪公众对政策或候选人的情绪反应。通过文本情感分析，组织能够更有效地洞察公众情绪，制定更加精准的市场策略，提升决策效率与效果。

在本案例中，我们会使用Python构建一个简单的文本情感分析机器学习模型。本案例使用的数据集是电影评论IMDB数据集。IMDB情感分类数据集是美国斯坦福大学研究人员整理的一套IMDB影评的情感数据，它含有25000个训练样本，25000个测试样本。具体来说，每条数据由两部分组成：一部分是电影的评论文本，另一部分是表示该评论情感倾向的标签（正面或负面）。

在情感分析问题中，我们输入的是一个文本，例如：I like this movie, it is cool. 而输出是正面或者负面的标签，即0或1。我们采用RNN进行文本情感分析。在上述例子中，RNN按照序列顺序一次处理一个单词 x，并且每个单词都能生成一个对应的隐藏状态 h，我们将每个单词对应的隐藏状态循环输入RNN，从而循环地生成下一个隐藏状态（见图4-23）。

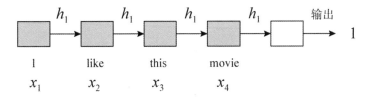

图4-23 循环神经网络输入输出示意

我们重复这个过程直到输入最后一个单词，并得到最后的输出，以获得预期情感分类结果。在本项目中，我们考虑简单的二分类情况，预测结果为0或1，分别表示消极和积极情感。

接下来我们看一个例句，其中，RNN的预测结果是零，表示负面情感。灰色方块表示RNN，白色方块表示全连接层。注意，我们对每个单词使用相同的RNN，即它具有相同的参数。

下面给出上述过程的Keras代码实现步骤。

1.导入必要的库和模块

```
import numpy as np
from keras.datasets import imdb
from keras.preprocessing import sequence
from keras.models import Sequential
from keras.layers import Embedding, LSTM, Dense, Dropout
from keras.utils import to_categorical
```

2.设置参数

参数包括词汇表大小、序列长度、批量大小、嵌入维度、LSTM单元数和训练轮数。由于数据集较小，我们减少了词汇表大小和LSTM神经元数，并设置了较少的训练轮数。

```
# 设置参数
max_features = 10000  # 词汇表大小，这里我们减少以加快训练速度
maxlen = 400  # 序列长度
batch_size = 32
embedding_dims = 128
lstm_units = 64  # LSTM层的单元数
epochs = 5  # 训练轮数，由于数据集较小，为避免过拟合，我们对训练轮数
设置得较少
```

3.加载IMDB数据集

下面的代码可自动下载IMDB数据集并能将数据集划分为标准测试集和训练集。这里从完整的数据集中选择前50条作为训练集，数据集中后10条作为测试集（这里为了简化，可从测试集中取，但在实际应用中，应该使用独立的验证集或分割出独立的测试集和验证集）。

```
# 加载IMDB数据集
(x_train_full, y_train_full), (x_test_full, y_test_full) = imdb.load_data
```

```
(num_words=max_features)

# 考虑训练速度，这里选择50条作为训练集，10条作为测试集，实操中可以
采用整个数据集
x_train = x_train_full[:50]
y_train = y_train_full[:50]
x_test = x_test_full[:10]
y_test = y_test_full[:10]
```

与之前的例子一样，这里在载入的时候已经构建了词汇表，即将评论中的每个单词用一个唯一的索引（数字）进行替代。我们之所以这样做是因为机器学习模型不能对字符串进行操作，只能对数字进行操作。每个索引将用于为每个单词构造一个one-hot向量，即只有其对应元素为1，其他元素为0的向量。但是，如果在训练集中非重复单词的数量超过100000个，这就意味着one-hot向量的维度超过100000维！这会严重影响训练速度。一般来说，可以通过两种方法有效减少词汇量，即只选择N个最常见的单词，或者忽略出现次数少于M次的单词。我们使用第一种方法，通过对参数max_features进行设置，保留前10000个单词。

4. 填充或截断序列

对训练集和测试集进行填充或截断操作，以确保所有序列都具有相同的长度（maxlen）。

```
# 填充或截断序列到固定长度
x_train = sequence.pad_sequences(x_train, maxlen=maxlen)
x_test = sequence.pad_sequences(x_test, maxlen=maxlen)
```

5. 将标签转换为one-hot编码

```
# 将标签转换为one-hot编码
y_train = to_categorical(np.asarray(y_train))
y_test = to_categorical(np.asarray(y_test))
```

6. 构建LSTM模型

模型包括一个嵌入层（将词汇索引转换为密集向量）、一个LSTM层和一个全连接输出层（具有两个单元，对应两个类别，即正面情感和负面情感）。

```
# 构建LSTM模型
model = Sequential()
model.add(Embedding(max_features, embedding_dims, input_length=maxlen))
model.add(LSTM(lstm_units, dropout=0.2, recurrent_dropout=0.2))
model.add(Dense(2, activation='softmax'))  # 输出层有两个单元，对应两个
类别
```

7. 编译模型

指定损失函数为categorical_crossentropy，优化器为Adam，并添加准确率作为评估指标。

```
# 编译模型
model.compile(loss='categorical_crossentropy',
          optimizer='adam',
          metrics=['accuracy'])
```

8. 训练模型

训练模型，并在测试集上进行验证。由于数据集较小，我们可能面临过拟合的风险，因此，在实际应用中，可能需要使用更多的正则化技术（如L2正则化、dropout等）。

```
# 训练模型
model.fit(x_train, y_train,
       batch_size=batch_size,
       epochs=epochs,
       validation_data=(x_test, y_test))
```

这里一个重要的参数是batch_size，当我们将句子输入模型时，一次输入一个batch，即一次输入多个，并且在批处理中的所有句子都必须具有相同的长度。这个相同的长度是由步骤4中的maxlen参数决定的。

9. 评估模型

评估模型在测试集上的性能，并打印损失和准确率。

```
# 评估模型
```

```
loss, accuracy = model.evaluate(x_test, y_test, batch_size=batch_size)
print(f'Test loss: {loss}')
print(f'Test accuracy: {accuracy}')
```

这里作为简化，仅采用了数据集的一部分进行训练，模型参数量也较小。请自行修改训练集的大小与模型超参数，从而获得具有更高准确率的模型。要在线运行本代码，请扫描本教材前言中的二维码访问 Mo 平台。

4.5.2　基于多智能体的群体共识过程

接下来，我们给出另一个扩展案例。在当今的自然语言处理（NLP）领域，多角色对话模拟已经成为理解情感演化、意见传播和社会交互的重要工具，尤其是在复杂的社交环境中，不同角色之间的情感和意见变化对于模拟社会现象具有重要的研究意义。本案例的目标是通过多角色对话模拟，研究在虚拟对话中角色的情感演化，并使用 Seq2seq（从序列到序列）模型生成每个角色的回复。每个角色根据自身性格特征参与对话，同时其情感状态会随每轮对话的变化而波动。

1. 研究问题

本案例聚焦于数字传播环境下多角色系统的情感演化过程，主要探讨以下传播学相关问题。

（1）情感演化路径：在多轮连续互动中，个体角色（具有不同个性特征）的情感和观点如何演变？是否存在特定的演化模式？

（2）意见共识与极化现象：多角色互动能否导致情感和观点的趋同（共识形成）或分化（极化现象）？如果存在，这些现象在何种条件下更容易发生？

（3）情感传播趋势：在模拟的多角色互动中，系统整体的情感倾向是否会表现出某种趋势性变化（如从正向情感向负向情感的转变）？这对舆情监测和公共意见引导有何启示？

本案例的核心任务是使用 Seq2seq 模型生成多轮对话，并对每个角色的情感进行分类与追踪。

2. 研究方法

为了深入分析虚拟社交环境中多角色系统的情感演化机制，本研究采用以下方法。

（1）多角色模拟：利用语言模型（如微软的 GODEL-v1_1-large-seq2seq）生成符合角色个性和上下文的自然语言对话。每个虚拟角色根据 Seq2seq 构建的神经网络记忆模块生成角色的回应，以模拟真实社交互动中的角色个性差异。每个角色通过维护自己的记忆、关键词和情感状态来参与对话。

（2）Seq2seq模型生成对话：使用基于Seq2seq（从序列到序列）框架的模型生成角色的回复。模型的输入是由角色的个性、对话上下文以及预定义的指令组成，输出是模型生成的回复文本。Seq2seq模型通过学习对话中的语言模式来生成合理的回复。

（3）情感分类与态度量化：借助情感评估模型，对生成的对话内容进行情感分类（"肯定"或"否定"）。通过量化角色在每轮对话中的情感倾向分数，跟踪其态度随时间的动态变化，以揭示情感传播路径。

（4）数据分析与可视化：基于多轮模拟对话的情感得分数据，绘制角色情感倾向的变化曲线。通过对比不同角色在多轮互动中的情感演化轨迹，分析共识形成与极化现象的发生条件及其传播学意义。

3.模型说明

（1）Seq2seq语言生成模型：使用transformers库加载microsoft/GODEL-v1_1-large-seq2seq模型，该模型是一个内置了神经网络的Seq2seq框架，负责生成符合角色个性和上下文的对话内容。每个角色的回应都会结合其"记忆"与最新的对话内容，以实现情境感知的对话生成。

（2）情感分析模型：使用zero-shot-classification分类管道，对生成的每段对话进行情感分析。通过将对话内容分类为"肯定"或"否定"，生成角色情感分数，进而量化情感态度。多轮对话结束后，代码将输出各角色情感分数随时间的变化曲线，展示情感演化过程。

4.代码的关键组成部分

（1）角色设置：每个角色都包含特定名称、个性特征以及初始情感值。角色拥有自我"记忆"，可以记录最近的对话内容，并将其中的关键词频率存储下来，以便形成连续的情感表达。角色在对话生成时会考虑其神经网络的记忆内容，确保对话的连续性。

（2）情感态度分析：使用zero-shot-classification对生成的对话内容进行情感分类，返回"肯定"和"否定"的分类分数。该分数用于衡量情感态度，并追踪角色情感变化。

（3）对话模拟：在每一轮对话中，角色会随机配对并进行交流，模拟多角色互动过程。在互动过程中，代码会检测是否产生重复的回应（若生成的内容与前一轮相同则跳过该回应），并根据特定情感词判断是否结束对话。在对话过程中，各角色间的情感态度逐步演化，从而产生一定的态度倾向。

（4）情感得分可视化：绘制每个角色在各轮对话中的情感得分变化图。

5.案例实操

案例分析：基于多智能体的群体共识过程。

示例代码：下面是一个使用PyTorch和Hugging Face Transformers库的示例

代码。

安装必要的库：

```
pip install torch transformers nltk matplotlib pandas
```

下载模型：

在 https://hf-mirror.com/ 搜索 GODEL-v1_1-large-seq2seq 和 bart-large-mnli。

参考网址：https://hf-mirror.com/microsoft/GODEL-v1_1-large-seq2seq

https://hf-mirror.com/facebook/bart-large-mnli

在模型主页的 Files and Version 中将所有文件下载到本地文件夹，建议本地文件夹以模型命名。

代码部分：

```
import random
from transformers import AutoTokenizer, AutoModelForSeq2SeqLM, pipeline
from collections import defaultdict
import pandas as pd
import matplotlib.pyplot as plt
import torch


# 设置用于本地模型缓存的路径
local_cache_dir_classifier = "/path/to/bart-large-mnli"  # 用于存储 bart-large-
mnli 模型的本地路径
local_cache_dir_model_seq2seq = "/path/"  # 用于存储 GODEL-v1_1-large-
seq2seq 模型的本地路径
model_seq2seq_name = "GODEL-v1_1-large-seq2seq"


# 设置模型使用的设备：0 表示使用 GPU，-1 表示使用 CPU
device = 0 if torch.cuda.is_available() else -1


# 初始化 Zero-shot 分类器，用于情感分类
classifier = pipeline(
    "zero-shot-classification",  # 指定分类任务
    model=local_cache_dir_classifier,  # 加载本地分类器模型
    tokenizer=local_cache_dir_classifier,  # 加载本地分类器的分词器
```

```
        device=device  # 指定设备
)

# 确认分类器成功加载
print(f"Zero-shot classifier loaded from {local_cache_dir_classifier}
on device {device}")

# 加载seq2seq模型，支持使用GPU
model_seq2seq_path = f"{local_cache_dir_model_seq2seq}/
{model_seq2seq_name}"  # seq2seq模型的完整路径
tokenizer = AutoTokenizer.from_pretrained(model_seq2seq_path)
# 加载seq2seq模型的分词器
model_seq2seq = AutoModelForSeq2SeqLM.from_pretrained
(model_seq2seq_path).to(device)  # 加载模型并移动到指定设备

# 确认seq2seq模型成功加载
device_type = "GPU" if device == 0 else "CPU"
print(f"seq2seq model loaded from {model_seq2seq_path} on {device_type}")

# 定义角色类，用于模拟角色行为
class Role:
    def __init__(self, name, personality):
        self.name = name  # 角色名称
        self.personality = personality  # 角色性格
        self.memory = []  # 角色对话的记忆
        self.keywords = defaultdict(int)  # 用于存储关键词及其频率
        self.age = 0  # 角色的"年龄"，未被使用但可扩展
        self.initial_sentiment = round(random.uniform(-1, 1), 2)
        # 初始化随机情感分数

    # 增加记忆的方法
    def add_memory(self, message):
        if "bye" in message.lower():  # 如果消息包含"bye"，跳过存储
            return
```

```python
        self.update_keywords(message)  # 更新关键词
        if len(self.memory) >= 5:  # 限制记忆存储的对话数量为 5 条
            self.memory.pop(0)  # 如果超出限制，移除最旧的对话
        self.memory.append(message)  # 添加新对话

    # 更新关键词的方法
    def update_keywords(self, message):
        for word in message.split():  # 按单词分割消息
            self.keywords[word] += 1  # 统计每个单词的出现次数

    # 根据输入生成角色的响应
    def generate_response(self, instruction, knowledge, dialog,
    is_first_round=False):
        if is_first_round:  # 如果是第一轮对话
            context_with_memory = [f"Initial sentiment:
            {self.initial_sentiment}"] + dialog + self.memory
        else:  # 非第一轮对话
            context_with_memory = dialog + self.memory

        # 调用模型生成响应
        response = self.query_model(instruction, knowledge,
        context_with_memory)
        if self.memory and response == self.memory[-1]:  # 如果响应与最后一
        条记忆相同，则视为重复
            return "duplicate"

        if any(phrase in response.lower() for phrase in ["have a nice day",
        "thank you", "see you", "bye"]):
            return "ending"  # 如果响应包含结束语句，标记对话结束

        self.add_memory(response)  # 将生成的响应添加到记忆
        return response

    # 实现与模型交互的方法
```

```python
def query_model(self, instruction, knowledge, dialog):
    # 构建输入格式：将对话内容用"EOS"分隔，标记上下文
    dialog = ' EOS '.join(dialog)  # 将对话内容连接成一个字符串，用' EOS '分隔每段对话
    # 构建query：结合角色信息、指令、上下文对话以及知识，构成模型输入
    query = f"{self.name}'s response. {instruction} [CONTEXT] {dialog} [KNOWLEDGE] {knowledge}"  # 完整的输入格式

    # 将query转化为模型可以处理的输入格式，并指定设备（CPU或GPU）
    input_ids = tokenizer(query, return_tensors="pt", truncation=True, max_length=512).input_ids.to(device)

    # 调用seq2seq模型生成输出
    # 这里，模型会根据输入的query（包括角色的指令、上下文对话等）生成对应的回复
    outputs = model_seq2seq.generate(input_ids, max_length=150, min_length=100, top_p=0.95, temperature=1.0, do_sample=True)

    # 返回生成的文本，将其解码为可读的字符串
    return tokenizer.decode(outputs[0], skip_special_tokens=True)

# 初始化多个角色
def initialize_roles():
    return [Role("Teacher", "patient"),
            Role("Student", "curious"),
            Role("Engineer", "innovative"),
            Role("Doctor", "practical"),
            Role("Politician", "cautious"),
            Role("Researcher", "analytical"),
            Role("Artist", "imaginative"),
            Role("Businessperson", "strategic"),
            Role("Philosopher", "thoughtful"),
            Role("Scientist", "inquisitive"),
```

```
        Role("Journalist", "inquisitive")]

# 补充缺失的情感分数, 使得每个角色在所有轮次都有数据
def fill_missing_sentiment(sentiment_scores, rounds):
    for role, scores in sentiment_scores.items():
        if len(scores) > rounds:  # 如果分数多于轮次, 则截取到对应轮次
            sentiment_scores[role] = scores[:rounds]
        elif len(scores) < rounds:  # 如果分数少于轮次, 则填充最后一个分数
            sentiment_scores[role].extend([scores[-1]] * (rounds - len(scores)))
    return sentiment_scores


# 绘制角色情感分数随轮次变化的图表
def plot_sentiment(sentiment_scores, rounds):
    plt.figure(figsize=(14, 8))
    for role, scores in sentiment_scores.items():
        plt.scatter(range(1, rounds + 1), scores, label=role, s=8)
        # 绘制每个角色的情感分数
    plt.axhline(0, color='gray', linestyle='--', alpha=0.7)  # 绘制零值参考线
    plt.xlabel('Round')  # X轴标签
    plt.ylabel('Sentiment Score (Affirmative)')  # Y轴标签
    plt.title('Sentiment Scores per Round by Role')  # 图表标题
    plt.xticks(range(1, rounds + 1), rotation=45)  # 设置X轴刻度和旋转角度
    plt.ylim(0, 1)  # 限制Y轴范围
    plt.legend(loc='upper left', bbox_to_anchor=(1.05, 1))  # 显示图例
    plt.tight_layout()
    plt.grid(alpha=0.3)  # 增加网格线
    plt.savefig('sentiment_scores_plot.png', dpi=300, bbox_inches='tight')
    # 保存图表为文件
    plt.show()


# 主函数, 用于模拟角色对话
def main():
    instruction = 'Respond thoughtfully and in character,
    using examples where possible.'  # 模型指令
```

```
knowledge = "  # 预定义知识为空
chat_history = []  # 用于存储对话历史
initial_question = 'What do you think about AI?'  # 初始问题
chat_history.append(initial_question)


roles = initialize_roles()  # 初始化所有角色
interaction_history = []  # 存储每一轮的交互历史
sentiment_scores = defaultdict(list)  # 存储每个角色的情感分数
dialogue_history = []  # 存储对话历史的详细记录


total_rounds = 10  # 总对话轮数
for round_num in range(total_rounds):  # 遍历每一轮对话
    print(f"--- Round {round_num + 1} ---")
    round_responses = []
    random.shuffle(roles)  # 随机打乱角色顺序
    pairs = list(zip(roles[::2], roles[1::2]))  # 将角色两两分组

    for agent_a, agent_b in pairs:
        if round_num == 0:  # 第一轮对话
            # 生成角色A的回复，is_first_round=True指示这是第一轮对话，
            注意这里是第一次询问问题
            response_a = agent_a.generate_response(instruction, knowledge,
            [initial_question], is_first_round=True)
        else:  # 后续轮次对话
            # 生成角色A的回复，通过query方法与seq2seq模型交互
            response_a = agent_a.generate_response(instruction, knowledge,
            chat_history[-3:])

        if response_a == "duplicate":  # 如果响应重复，跳过
            continue

        # 对响应A进行情感分类
        candidate_labels = ["affirmative", "negative"]  # 定义分类标签
        result_a = classifier(response_a, candidate_labels)
```

```python
# 使用分类器对响应进行分类
affirmative_score_a = result_a['scores'][result_a['labels'].
index("affirmative")]  # 获取肯定分数

sentiment_scores[agent_a.name].append(affirmative_score_a)
# 生成角色 B 的回复
response_b = agent_b.generate_response(instruction, knowledge,
[response_a])

if response_b == "duplicate":  # 如果响应重复，跳过
    continue

# 对响应 B 进行情感分类
result_b = classifier(response_b, candidate_labels)
affirmative_score_b = result_b['scores'][result_b['labels'].
index("affirmative")]

sentiment_scores[agent_b.name].append(affirmative_score_b)

round_responses.append((response_a, response_b))
# 记录每轮的响应
print(f"{agent_a.name}: {response_a}")
print(f"{agent_b.name}: {response_b}")

# 保存对话历史
dialogue_history.append({
    "Round": round_num + 1,
    "Agent A": agent_a.name,
    "Response A": response_a,
    "Agent B": agent_b.name,
    "Response B": response_b
})
chat_history.append(response_a)
chat_history.append(response_b)
```

```
        interaction_history.append(round_responses)

    # 补全情感分数并绘制图表
    plot_sentiment(fill_missing_sentiment(sentiment_scores,
    total_rounds), total_rounds)

    # 保存对话历史到 Excel 文件
    df = pd.DataFrame(dialogue_history)  # 将对话历史转化为数据框
    df.to_excel('dialogue_history.xlsx', index=False)  # 保存为 Excel 文件

# 主程序入口
if __name__ == '__main__':
    main()
```

4.6　延伸阅读

4.6.1　深度学习的优势：端到端学习

我们之前提到，深度学习的成功是技术、数据和计算资源协同发展的结果。首先，深度学习模型（如 CNN、RNN 等）逐渐变得更加智能，能够更好地提取和利用数据中的复杂特征。同时，海量数据集的出现（如 ImageNet 等）为深度学习模型的训练提供了充分的样本。这些数据集包含了丰富的模式和信息，有助于模型在复杂任务中取得出色的表现。此外，GPU 的广泛应用极大地加速了深度学习模型的训练过程。相比传统的 CPU，GPU 在处理矩阵运算和并行计算方面具有显著优势，这使得大规模神经网络的训练时间从数周缩短到数小时甚至更短。因此，深度学习技术、海量数据和高性能计算资源的协同发展，共同推动了深度学习取得成功。

深度学习取得成功的另一个原因是其端到端学习技术。端到端学习是深度学习中的一种训练方法，其中输入数据直接通过神经网络得到最终的输出结果，中间不需要手动设计和提取特征。整个模型从原始输入到最终输出都是一个整体，所有的参数通过训练数据共同调整，使预测的准确性得以最大化。例如，在图像分类中，以原始像素点作为输入，模型可以通过多层神经网络直接输出图像的类别标签。在传统的机器学习工作流程中，通常需要先手动设计和提取特征（如颜色、形状和纹理等），再将提取的特征输入机器学习模型中（如 SVM 等）进行分类或预测。这种

方法需要领域专家来设计特征提取的过程，不同任务可能需要不同的特征提取技术。而端到端学习则完全省略了手动特征提取的步骤，模型自动学习到最优特征表示，极大地提高了训练效率。

端到端学习能够让模型自动学习最有效的特征表示，减少了人为干预和先验知识的依赖。这种方式可以大幅度提高模型的性能，尤其是在复杂任务中。比如，在目标检测和自然语言处理等领域，端到端学习已经取得了显著的突破，提升了模型的预测精度。端到端学习的出现，使得模型能够基于大量数据进行优化，从而在语音识别、图像识别、自动驾驶等多种任务中实现了性能的飞跃，推动了人工智能技术的快速发展。

4.6.2 曲折的探索之路：人工神经网络的发展历程

人工神经网络的发展历程充满了起伏与突破，从最初的理论萌芽到如今的广泛应用，经历了多个重要的阶段。

1. 萌芽期

人工神经网络的研究最早可以追溯到人类开始研究自身智能的时期。1943年，美国神经科学家沃伦·麦卡洛克（Warren McCulloch）和美国逻辑学家沃尔特·皮茨（Walter Pitts）提出了著名的M-P模型，这是第一个神经元数学模型。该模型总结了生物神经元的一些基本生理特征，并对其一阶特性进行了形式化描述，为人工神经网络的研究奠定了坚实的基础。

1949年，加拿大心理学家唐纳德·赫布（Donald Hebb）提出了神经元之间突触联系是可变的假说，并给出了人工神经网络的学习律——赫布学习律。这一假说认为，人类的学习过程发生在突触上，突触的连接度与神经元的活动有关。赫布学习律被认为是人工神经网络学习训练算法的起点，具有重要的里程碑意义。

2. 第一次兴起

人工神经网络的第一次兴起始于单级感知器（perceptron）的构造成功。1958年，美国心理学家弗兰克·罗森布拉特（Frank Rosenblatt）提出了感知机网络及其学习规则，这是一种简单的线性分类器，能够实现基本的逻辑运算，如"与""或"等。这一时期的成功使人们乐观地认为已经找到了智能的关键，包括美国政府在内的许多部门开始大量投入研究。

然而，1969年，美国科学家马文·明斯基（Marvin Minsky）和美国数学家西摩·佩珀特（Seymour Papert）在其著作《Perceptrons》中指出，单级感知机无法解决包括"异或"在内的许多简单非线性问题，这一发现给神经网络研究泼了一盆冷水，导致该领域的研究陷入低谷。

3. 反思与低谷期

在明斯基和佩珀特的著作出版后，人工神经网络的研究进入了反思期。许多研究人员放弃了这一领域的研究，政府和企业也削减了相应的投资。尽管如此，仍有一些科学家坚持研究，并逐渐发现单级感知器无法解决线性不可分问题，必须采用功能更强的多级网络。

4.第二次兴起

人工神经网络的第二次兴起始于1982年，美国科学家约翰·霍普菲尔德（John Hopfield）提出霍普菲尔德神经网络（Hopfield neural network）——这是一种循环网络——并将 Lyapunov 函数引入人工神经网络，作为网络性能判定的能量函数。这一突破性进展阐明了人工神经网络与动力学的关系，用非线性动力学的方法研究了人工神经网络的特性。

1986年，鲁梅尔哈特、辛顿等研究者引入了多层网络的学习算法——反向传播算法，较好地解决了多层网络的学习问题。反向传播算法的提出对人工神经网络的研究与应用起到了重大推动作用，标志着人工神经网络研究迎来了第二次高潮。

在这一时期，人工神经网络在语音识别、图像识别等领域取得了一定的进展，但由于训练数据不足、计算能力有限等问题，其性能仍然受到限制。

5.第三次兴起与深度学习时代

进入21世纪，随着硬件性能的大幅度提升，特别是GPU的应用，以及大数据的出现，人工神经网络迎来了第三次兴起。新的算法和网络结构不断涌现，如卷积神经网络（CNN）、循环神经网络（RNN）等，极大地提升了神经网络的性能。

2012年，辛顿的团队使用深度学习算法在 ImageNet 图像识别比赛中取得了压倒性胜利，标志着深度学习时代的到来。深度学习在图像识别、语音识别、自然语言处理、机器翻译等领域取得了突破性进展，并被广泛应用于各个行业。

综上所述，人工神经网络的发展历程经历了多次起伏与突破，从最初的萌芽期到如今的深度学习时代，每一步都凝聚了无数科学家的智慧与努力。未来，随着技术的不断进步和应用领域的不断拓展，人工神经网络有望继续迎来更加广阔的发展前景。

4.6.3 更多深度学习模型

近年来，深度学习技术发展迅速，新模型与新方法层出不穷。下面将作为扩展阅读内容，简要介绍最新的一些重要模型与技术。

1.生成对抗模型

生成式对抗网络（GAN）是一类用于生成新数据的深度学习模型，它是通过生成器和判别器之间的博弈来进行训练的。以下是一些常见的GAN模型。

● 标准GAN：标准GAN由一个生成器和一个判别器组成。生成器的目标是生成与真实数据相似的样本，而判别器的目标是区分真实样本和生成样本。两者相互对抗，通过训练，生成器不断提高生成样本的真实性。

◉ DCGAN（deep convolutional GAN）：DCGAN使用卷积神经网络作为生成器和判别器，提高了GAN在处理图像数据时的效果。它是许多图像生成任务的基础模型。

◉ Cycle-GAN：Cycle-GAN是一种用于图像到图像转换的GAN模型。例如，将马的照片转换为斑马的照片，或将夏季景象转换为冬季景象。Cycle-GAN不需要成对的训练数据，通过循环一致性损失（cycle consistency loss）来确保转换后的图像能够被恢复到原始状态。

◉ StyleGAN：StyleGAN是一种用于生成高质量图像的模型，特别擅长生成具有复杂细节的人脸图像。StyleGAN引入了风格控制机制，通过控制特定层次的特征能够生成不同风格的图像。

2.对比学习模型

对比学习是一种用于无监督学习和表示学习的技术，通过对比相似样本和不相似样本之间的距离来训练模型。以下是一些常见的对比学习模型。

◉ 孪生网络（siamese network）：孪生网络由两个共享权重的神经网络组成，用于比较输入样本之间的相似性。它通常用于人脸识别和相似度匹配等任务，通过最小化相似样本之间的距离和最大化不相似样本之间的距离来学习有效的特征表示。

◉ SimCLR：SimCLR是一种基于对比学习的方法，用于无监督表示学习。它通过对输入样本进行数据增强，生成正样本对，并通过对比损失函数来训练模型，使得相似样本的表示更加接近，不相似样本的表示更加远离。

◉ CLIP（contrastive language-image pre-training）：CLIP是一种结合了图像和文本的对比学习模型，通过对大量图像－文本对进行训练，使得模型能够理解图像和文本之间的关系。CLIP在图像分类、图像检索等任务中表现出色，并且能够处理从未见过的类别。

3.Transformer 系列模型

Transformer是一种用于处理序列数据的深度学习模型，近年来在自然语言处理领域取得了巨大成功。

◉ Transformer：Transformer模型通过自注意力机制（self-attention）来捕捉序列中的全局依赖关系，而不依赖于递归结构。它可以并行处理序列数据，大幅度提高了训练效率。Transformer在翻译、文本生成等任务中表现出色。

◉ BERT（bidirectional encoder representations from transformers）：BERT是一种基于Transformer的预训练语言模型，它采用了双向编码器架构，使得模型能够更好地理解上下文。BERT在多个自然语言理解任务中达到了当时最先进的水平，成了NLP领域的重要工具。

◉ GPT（generative pre-trained transformer）：GPT是一类基于 Transformer 解

码器的生成模型，专注于文本生成任务。GPT系列模型可以生成连贯的自然语言文本，广泛用于对话系统、写作辅助等领域。GPT的成功展示了大规模预训练模型的强大能力。

◉ ViT（vision transformer）：近年来，Transformer架构也被应用于图像处理任务，如ViT，它先将图像分割成块（patch），然后使用Transformer编码这些块的信息，取得了与CNN相竞争的性能。这种应用展示了Transformer在不同领域的强大适应性。

4.Diffusion 系列模型

Diffusion模型（扩散模型）是一类基于概率和反向扩散过程的生成模型。近年来，在图像、音频生成等领域获得了广泛关注并取得了成功。其核心思想是通过逐渐增加噪声来破坏数据分布，然后通过训练一个神经网络来反向恢复数据，最终实现高质量新数据的生成。

◉ DDPM（denoising diffusion probabilistic model）：DDPM是最基础的扩散模型之一，在2020年被提出。该模型通过一个正向过程向图像中逐步加入高斯噪声，接着通过一个反向过程逐步去噪，从而重构原始数据。DDPM在图像生成方面表现出色，尤其是在生成复杂纹理和细节方面。

◉ LDM（latent diffusion model）：LDM是一种经过改进的扩散模型，提出了在潜在空间中进行扩散的思路。与直接在数据空间操作不同，LDM首先将数据映射到一个低维的潜在空间，然后在潜在空间中进行扩散。这种方法降低了计算复杂度，提升了生成效率，并且已广泛应用于从文本到图像的生成任务中，一个典型例子就是Stable Diffusion模型。

通过以上扩展阅读，能让我们更好地理解深度学习领域中不同类型的网络模型，以及它们在各自领域的重要应用。这些模型和技术不仅在学术研究中起到了重要作用，在实际工业应用中也取得了广泛的成功。

本章小结

在本章中，我们介绍了深度学习技术，其提出主要是为解决深度人工神经网络训练碰到的困难。本章介绍了多种常用的深度学习模型，包括卷积神经网络、循环神经网络、无监督神经网络等。结合上述理论知识，进一步给出了使用Python代码构建深度神经网络的实战代码，并最终结合文本情感识别等真实问题，对人工智能在社会科学中的应用进行案例分析。最后，讲述人工智能曲折的发展道路。通过本章的学习，同学们应当对于深度学习技术的模型和方法有了较为深入的理解，同时能够使用Python编程实现常用的深度学习模型，并在实际应用中举一反三，解决实际问题。

习题

一、判断题

1.深度学习技术的提出是为了解决深度神经网络训练碰到的困难。　（　　）

2.卷积神经网络只能以图像作为输入。　（　　）

3.卷积神经网络相比于全连接网络，能够有效减少网络参数。　（　　）

4.无监督学习的过程中完全不需要使用标签信息。　（　　）

二、单项选择题

1.下列哪一个是深度学习模型最常用的激活函数?　（　　）

  A.阈值激活函数 　　　　　　　　　　 B.以 e 为底的指数函数

  C. Tanh 函数 　　　　　　　　　　　　 D. ReLU 函数

2.在卷积神经网络中，下面哪个作用是池化（pooling）层所完成的　（　　）

  A.下采样 　　　　　　　　　　　　　 B.图像增强

  C.图像裁剪 　　　　　　　　　　　　 D.上采样

3.下面对卷积神经网络的描述不正确的是　（　　）

  A.是一种端到端学习的方法 　　　　　 B.训练中采用反向传播算法

  C.是一种非监督学习方法 　　　　　　 D.训练中可使用数据增强技术

4.下面对循环神经网络的描述不正确的是　（　　）

  A.训练过程中不存在梯度消失的问题

  B.每个时刻的状态不仅依赖当前时刻输入，还依赖上一时刻的状态

  C.LSTM 是其中一种典型模型

  D.训练过程中采用反向传播算法

三、多项选择题

1.以下哪些因素是深度学习取得成功的重要原因?　（　　）

  A.大数据 　　　　 B.算法 　　　　 C.算力 　　　　 D.端到端训练

2.以下哪些是LSTM中的基本门结构?　（　　）

  A.遗忘门 　　　　 B.输入门 　　　　 C.输出门 　　　　 D.状态门

四、简答题

1.请简要说明深度神经网络和深度学习的关系。

2.卷积神经网络和循环神经网络各适用于解决什么样的任务? 请结合自己的专业，举例说明。

五、实践题

    教材4.4.2给出了自动文本补全的代码样例，样例中只采用了一句话作为输入。课后请完成以下任务:

1.将输入文本替换成更加复杂的语句，并观察网络的训练过程和输出。

2.调整网络的结构和超参数，观察网络的训练过程和输出。

第 5 章　大语言模型

前面章节对深度学习的基础进行了详细阐述，而大语言模型（large language model，LLM）作为深度学习的最新成果，已在诸多领域展现出强大的能力。LLM通过对海量文本数据的预训练，能够理解和生成具有语义和语法正确性的文本，广泛应用于自动问答、文本生成、机器翻译等多个领域。在本章中，我们将通过相关实例深入探究大模型的概念和内涵。

5.1　大语言模型的发展历程

5.1.1　兴起：从判别式模型到生成式模型

大语言模型的起源可追溯至自然语言处理的研究领域。早期的自然语言处理模型多以判别式模型为主，其任务相对较为基础，主要聚焦于文本分类工作。例如，当面临大量新闻文本时，若需判断每篇文本所属的类别，如体育、政治或娱乐等，判别式模型通过对大量已标注类别的新闻进行深入学习，精准挖掘不同类别之间的特征差异，进而对新文章进行准确的类别判定。早期的判别式模型，如朴素贝叶斯和支持向量机等算法，其工作原理与人类依据特征判断事物的方式相类似，例如，通过特征（如颜色、形状等）来辨别水果是苹果还是香蕉。

与判别式模型不同的是，生成式模型的输入为"苹果"或"香蕉"等标签，而输出则是相应的苹果或香蕉的图片（或一段关于它们的视频）。如前所述，机器学习旨在构建一个 $y = f(x)$ 的函数，**在判别式模型中，x 往往比较复杂，y 则比较简单；而在生成式模型中，x 则比较简单，y 却比较复杂。**

直至2014年，生成式模型取得了重大突破，**生成对抗网络**（generative adversarial network，GAN）应运而生。其原理可类比为两个模型之间的激烈博弈：生成器

（generator）负责生成图片，判别器（discriminator）则负责判别图像的真伪。通过两个模型的持续对抗，两者的能力将不断提升，最终生成器能够生成极为逼真的图像。

早期的生成式模型相对较为简单，例如，文本生成式模型主要通过统计方法预测下一个词语的可能性。尽管这些方法具有一定的有效性，但生成的文本往往缺乏连贯性，甚至时常出现前言不搭后语的情况。引入 GAN 之后，生成文本的质量逐步逼近人类书写文本，但鉴于语言本身的复杂性，GAN 在自然语言处理中的效果仍存在一定的局限性。真正改变生成模型格局的是 Transformer 架构。在 Transformer 架构中引入了"自注意力机制"技术，它在处理每个词语时，能够动态关注上下文中的相关部分，从而更好地理解句子之间的关联关系，使模型不仅能够把握局部词语间的关系，还能从全局视角理解句子的整体意义。在 Transformer 架构基础上，进一步产生的**预训练语言表征模型**（bidirectional encoder representation from transformers，BERT）和**生成式预训练模型**（generative pre-trained transformer，GPT）等大语言模型，极大地推动了自然语言处理领域的发展。BERT 通过双向编码的方式，深刻理解了文本上下文信息，使得模型在问答系统、情感分析等任务中取得了显著的性能提升。而 GPT 系列模型，则以其强大的文本生成能力著称，不仅在语言翻译、文本摘要等生成任务上大放异彩，还启发了诸如 ChatGPT 这样的交互式对话系统的诞生，进一步拓宽了人工智能在对话系统、内容创作等领域的应用边界。

5.1.2 发展：GPT系列模型的推动与影响

生成式预训练模型的成功，使研究人员看到了"大数据"和"大模型"背后的潜力，即通过构建大规模参数的神经网络模型，并辅以大规模训练数据，有望获得能力更强大、功能更泛化的语言模型。而GPT系列模型正是在这样的大背景下应运而生，经过几代的快速发展，模型参数规模不断增大，模型的语言能力越来越强，以ChatGPT为代表的大语言模型逐渐引起了社会的广泛关注。

GPT的第一个版本（GPT-1）由OpenAI公司于2018年发布，基于Transformer架构并采用"**预训练-微调**"模式，在大规模无监督数据上预训练后，再在特定任务上微调（接下来章节会讲到）。尽管GPT-1仅有1.17亿个参数，但它在多个NLP任务中展示了深度学习模型的潜力。2019年，OpenAI公司发布了GPT-2，该模型规模扩展至15亿个参数，展现了更强的文本生成能力。GPT-2不仅在传统任务中表现优秀，还能够生成连贯且富有创意的文本，这让它在自然语言生成领域引起了研究人员一定的关注。2020年，GPT-3发布，模型规模大幅度增长，达到1750亿个参数，使用海量互联网数据进行训练。这使得GPT-3在自然语言生成、机器翻译和问答等任务上表现出了卓越的能力。GPT-3不仅在许多领域展现了惊人的语言理解与生成能力，还能执行复杂的推理任务，尤其是2022年出现的ChatGPT，已被广泛应用于写作助手、编程支持、创意生成等多个领域。目前，GPT已进入第四代(GPT-4)，其规模和性能得到进一步提升，同时开始发展多模态能力，能够处理文本、图像等多种数据形式，进一步增强了AI在实际应用中的适应性。GPT的持续进化标志着深度学习与自然语言处理技术的快速进展，也推动了人工智能在各行各业的广泛应用。

GPT系列模型的发展将大语言模型的影响快速辐射到科技和生活的诸多方面。GPT系列模型的成功激发了其他科技巨头的竞争意识，近年来，大模型研发已成为国内外AI企业争相布局的重要领域。这种竞争推动了整个AI领域的快速发展。大模型的崛起不仅改变了自然语言处理领域的格局，也正在重塑人类与AI的交互方式。随着技术的不断演进，其将持续对社会、经济和日常生活产生深远影响。然而，这些模型也面临着诸如偏见、隐私、版权等诸多挑战与争议。

未来大语言模型可能会向着更高效、安全、可解释化的方向发展。多模态融合、与专业知识的深度结合，以及在特定领域的精细化应用可能是未来的发展方向。同时，如何确保AI技术的发展与人类价值观相一致，以引导技术朝着有利于人类社会发展的方向前进，也是一个重要的研究方向。

5.2　大语言模型背后的技术

5.2.1　工作原理：预训练＋微调

大语言模型作为一种能够处理并生成自然语言的人工智能系统，其工作原理蕴含着复杂的机制。大模型的学习过程可以类比，我们的学习过程：先学习语言本身的词汇、语义、语法，再去学习给定任务（如写作文、阅读理解等），有针对性地提高水平。其中，"学习语言"的过程就是大语言模型的"预训练"过程，往往需要对海量文本数据的深入学习与理解，构建起丰富的语言知识库；而"学习给定任务"的过程就是大模型的"微调"过程，即根据特定任务的具体要求，优化输出。

1.预训练阶段

预训练阶段的核心任务是理解语言本身，包括理解不同词汇的含义、熟练掌握语言的用法等。这个阶段通常需要大量的语料用于模型学习。但好在预训练阶段是无监督的，即只需要语料本身，而无须任何标注。因此，各种图书、对话、博客、论文等内容都可以作为大语言模型预训练的语料。

那么如何通过无监督的方式，让大语言模型自主地从语料中学习语言呢？其中的一种关键技术就是**掩码语言建模**（masked language modeling，MLM），即在一段语料中，随机遮蔽部分内容，要求模型预测被遮蔽的这部分内容。这有点像我们考试中的"完形填空"题，检查我们对语义的理解能力，这样的任务也可以训练和检验大模型的语言理解能力。比如："今天天气（　　），我和朋友们一起去登山。"在这个例子中，让大语言模型学习填写括号中的内容。那么，为了填写这个内容，大语言模型需要理解诸如什么是天气、有哪些天气、什么是登山、什么天气适合登山等一系列知识，因此在训练过程中，对于语言、语义、语法的理解会有综合的提升。通过此类预测任务，促使模型深入理解上下文语义，习得更全面、深入的语言表示，可类比人类通过上下文线索理解词语含义的过程。

2.微调阶段

完成基础知识学习后，模型已初步具有语言的理解能力，接下来进入针对性训练阶段，**根据给定任务，进一步优化模型的性能**。例如，若需学习回答问题，便为其提供大量问答示例，使其依据示例调整自身答案，从而更好地适应特定任务需求，就像学生通过大量练习题来提高特定学科的解题能力一样。目前，大语言模型已经被广泛应用于多种任务，如问答、对话生成、翻译、文本摘要等。

5.2.2　关键要素：模型背后的"大"支撑

大语言模型的成功，一方面依赖于"预训练"＋"微调"的关键技术，另一方面也依赖于三个核心要素的有机融合：**大规模的模型、大量的数据和强大的计算能力**。

1.大模型

大模型指用于生成、理解和处理语言的模型，其规模极为庞大，具体表现为拥有**数以亿计甚至千亿计的参数**。参数作为模型中的可调节部分，犹如人类大脑中的神经元连接，能帮助模型在大量数据中发现复杂的模式。通过增加参数数量，模型能够更敏锐地捕捉语言中的细微差别与复杂结构，从而提升其生成和理解语言的能力。这种大规模模型能够处理更为复杂的任务，如生成流畅、富有逻辑性的文本，准确回答问题，甚至进行复杂而深入的对话，为文本分析、知识挖掘等提供了有力的工具。

2.大数据

大语言模型的另一核心要素是"大数据"，即模型训练过程中使用的**海量文本数据**。为使模型熟练掌握语言的各种用法，需使其广泛接触各类语言实例，这些数据可能来源于图书、文章、对话记录、网站内容等丰富多样的文本。通过对这些数据的深入学习，模型能够理解不同语言中的语法规则、词汇用法、语义关系等。凭借大量数据的支撑，模型在面对新问题时，能够从过往数据中迅速寻找相似模式或答案，从而给出准确、合理的回应。

3.大算力

大算力即计算模型所需的强大计算能力。鉴于大语言模型参数数量巨大，处理这些参数需要耗费大量计算资源，通常需要数百甚至数千个高性能计算机处理器或图形处理器（GPU）进行并行计算。强大的算力确保如此规模的模型能够在合理时间内完成训练，并实时处理复杂的语言任务。

5.3   常用的大语言模型及其应用

大语言模型的出现标志着人工智能领域的一次飞跃，其在理解上下文、推理以及一定程度的创新性思考方面表现突出。这些模型不仅是简单的预测工具，更是具备复杂交互、学习和创造能力的先进 AI 系统。随着技术的发展，大模型的应用范围不断拓展，从文本生成到图像创作，再到视频制作，形成了一个连贯的 AI 创意生态系统，对社会科学领域的研究、创作和传播等方面产生了广泛影响。以下是当前一些主要的大语言模型，展示了从文本到多媒体内容的潜在应用价值。

5.3.1   文生文

文本生成是大模型应用的基础领域，它为文本创作、知识传播等提供了新的途径。当前的大语言模型技术能够生成高质量、逻辑严密的文本内容，为学术写作、文学创作等提供有力支持。以下列举了大语言模型文生文技术的一些典型应用。

内容创作与生成：大语言模型能够基于给定的主题或情境，自动生成连贯、有逻辑的文本内容。有效地使用大语言模型，可以提高创作效率。在学习和研究中，大语言模型可以协助研究者进行选题拓展、资料搜集、逻辑优化和语言润色等工作，显著提升写作效率。

语言翻译：大语言模型在机器翻译领域的应用，使得跨语言交流变得更加便捷。它能够准确地将一种语言的文本翻译成另一种语言，同时保持原文的语义和风格。这种翻译技术不仅适用于日常交流，还适用于专业领域的文献翻译，使研究者能够轻松阅读和研究不同语言的文学作品。

代码生成与辅助开发：大语言模型在代码生成与辅助开发方面也展现出了强大的能力。它能够根据自然语言描述生成相应的代码片段，甚至能够自动补全和优化代码，既提高了开发效率，又降低了编程门槛。在学习和研究过程中，有效使用大语言模型，可以快速构建数据分析模型，提取有价值的信息和规律。

文本分析与解读：大语言模型能够理解文本的含义和背景，提取关键信息和主题，甚至能够分析文本中的情感、态度和观点。比如，文本分析与解读技术可以用于辅助分析文学作品、历史文献和社交媒体等文本，揭示其中的主题、情感和趋势，提供新的视角和方法。

此外，大语言模型还有很多其他潜在的应用场景。比如，跨国公司的法务部门可以利用大语言模型来生成初步的合同草稿，有效缩短合同的初期准备时间。模型能够根据给定的关键条款和法律要求，生成符合特定司法管辖区规定的合同文本。这不仅提高了效率，还确保了法律文书的一致性和准确性。当然，生成的内容仍需要经验丰富的律师进行审核和修改，但这种方法显著减少了烦琐的初步起草工作。

典型的文生文大模型包括 GPT、Claude、DeepSeek、通义千问、文心一言等。下面以通义千问为例，展示大语言模型撰写短篇小说的能力。

提示词：

请写一篇 200 字左右短篇小说，描述 2050 年我们的生活。

"DeepSeek" 输出内容如图 5-1 所示。

《晨光》

2050 年的清晨，我被生物钟准时唤醒。智能窗帘无声滑开，阳光透过纳米玻璃洒进来，过滤掉了有害紫外线。床头投影显示今日空气质量优，适宜户外活动。

"早安，主人。"AI 管家温柔的声音响起，"昨晚睡眠质量 92 分，深度睡眠占比 35%。早餐已准备就绪，营养配比符合您的健康需求。"

我走进浴室，智能镜子立即显示身体数据：血压正常，心率平稳。水温自动调节到最舒适的温度，洗漱用品都是根据我的肤质特别定制的。

餐桌上，3D 食物打印机刚完成一份蛋白质均衡的早餐。我咬了一口仿肉三明治，口感几乎和真肉无异。窗外，自动驾驶的公共飞车在专用轨道上安静穿梭，街道上几乎看不到行人。

这样的生活确实便利，但有时我会想念从前那个充满烟火气的世界。那时候，早餐是妈妈亲手做的，街道上到处都是熙熙攘攘的人群。现在的生活，仿佛被科技精心设计过，却少了些人情味。

图 5-1　"DeepSeek" 输出内容示例

然而，尽管大语言模型能力强大，但其生成的内容仍可能包含不准确或误导性的信息，这就需要进一步的审核、修改和完善。因此，我们既要充分利用好这项技术，又要保持谨慎，避免过度使用和依赖。

5.3.2　文生图

随着文本生成技术的逐渐成熟，研究者们将目光转向更具挑战性的图像生成任务，为社会科学领域的视觉表达、艺术创作等带来了新的机遇。文生图有各种有趣的应用场景，比如艺术家可以利用文生图技术快速生成创意草图，节省大量时间和精力；又如，通过生成历史事件的视觉再现，帮助学者和公众更直观地理解历史；再如生成文学作品中的场景描绘，使读者在视觉与文字间构建更丰富的想象空间，促进文学研究与传播的多元化等。典型的文生图大模型包括 DALL·E 3、豆包、可图等。下面利用**可图**生成图片，展示大语言模型生成图片的能力。

提示词：

　　我四岁的儿子总是提到彩虹一样的猫咪，请问它是什么样子的？

"可图" 输出内容如图 **5-2** 所示。

图5-2　"可图"输出内容示例

5.3.3　文生视频

　　作为多媒体内容生成的最新前沿，视频生成技术正迅速发展，为教育、文化传播、影视创作等带来了新的可能性。典型的文生视频大模型包括Sora、Runway、Phenaki、可灵等。

　　大模型视频生成工具于多个领域发挥着至关重要的作用。在影视和动画行业，大模型视频生成为创意表达和视觉叙事开拓了崭新的可能性。在线教育平台，借助这些工具来打造引人入胜的教学视频。在制作世界历史课程时，教育内容团队可运用大模型生成各个历史时期的场景重现，仅需输入详尽的文本描述，如"古罗马元老院辩论场景，穿着托加的政治家们激烈讨论"，大模型便能生成逼真的视频片段。这些生成的视频使抽象的历史概念变得鲜活生动，同时大幅削减了传统视频制作所需的时间与资源。教育者可以迅速创建定制化的视觉辅助材料，使学习体验更为丰富且具有互动性。

5.4　案例分析：大语言模型辅助社会科学研究

　　伴随大语言模型的诞生，传统社会科学研究方法正经历一场深刻变革。过去，社会科学家在运用机器学习模型时，往往需要具备较强的编程能力。这涵盖处理和分析大数据集、训练复杂模型，以及对模型进行微调以契合特定研究需求。这些任务通常要求研究人员对 Keras 或 TensorFlow 等高级编程框架有深入了解，并且在处理**多模态数据**（如结合文本、图像和声音数据）时，还会面临相当程度的复杂性与挑战。

　　大语言模型的出现显著降低了这些技术门槛。通过向大模型提出不同的要求，即提示工程，即便不具备深厚编程背景的研究人员亦能够高效利用这一工具。由于大语言模型能够理解并生成复杂的自然语言文本，所以用户可凭借简单的语言提示引导模型完成特定任务，如数据分析、文本生成或总结等。这不仅极大地提升了研究效率，还使更多非技术背景的社会科学家能够运用先进的机器学习技术推进其研究。

　　此外，大语言模型在处理多模态数据方面亦展现出强大能力，能够整合和分析不同来源和格式的数据，为社会科学家提供了一种更为全面且深入的研究路径。总体而言，大语言模型不仅优化了社会科学的计算方法，还拓宽了研究的范围，使得对复杂社会现象的分析变得更为精确和深入。

5.4.1　大语言模型辅助代码编写

　　在计算传播学领域，社会科学家时常需要剖析社交媒体上的舆论，以深入洞悉公众对特定事件或主题的情感态度。此类研究对于理解社会动态、预测公众反应以及制定政策和策略等方面具有关键意义。例如，社交媒体平台上关于某一热点话题的评论和讨论，往往能够反映出公众的真实情绪和观点。通过分析这些评论，研究人员能够判定舆论是倾向于正面还是负面。

　　然而，分析社交媒体上的海量评论并不是一个简单的任务，尤其是在数据量庞大、文本内容繁杂多样的情形下，传统的手动编码方法耗时费力且易受主观偏见影响。现在，社会科学家开始借助大语言模型（如 GPT-4 或 RoBERTa）辅助进行情感分析。

　　在本节，我们将通过一个具体案例展示大语言模型如何在计算社会科学领域助力研究人员编写代码，以有效分析社交媒体上的舆论。在本案例中，我们的任务是利用大语言模型处理和分析社交媒体上的评论，自动判断这些评论是正面的还是负面的。

1.代码自动编写

提示词：

　　研究背景和目的：一位社会科学家正在研究社交媒体上对某重大事件的公众反应。他的目标是理解公众对该事件的情感态度是倾向于正面还是负面。数据收集：研究者从社交媒体平台收集了大量关于该事件的评论，并已经手动标注了一部分数据以作为训练集。这些数据被组织在一个名为 data/ 的本地文件夹中，该文件夹包含三个子文件夹：train/、validate/ 和 test/。每个子文件夹都包含代表正面和负面情绪的文本文件。任务描述：使用这些已标注数据对 RoBERTa 模型进行微调，以便更好地适应特定的数据集和任务。微调后的模型将用于预测未标注数据的情感倾向，从而帮助研究者更准确地分析公众对事件的整体情感态度。

请提供一段完成上述任务的代码，使用Python编写代码。

"文心一言"输出内容如下：

为了完成上述任务，我们需要使用Python和Hugging Face的Transformers库来微调RoBERTa模型。以下是一个完整的代码示例，包括数据加载、预处理、模型微调以及预测。

首先，确保你已经安装了必要的库。

```
pip install transformers datasets torch scikit-learn
```

然后，编写并运行以下Python代码。

```python
import os
import torch
from transformers import RobertaTokenizer,
RobertaForSequenceClassification, Trainer, TrainingArguments
from datasets import load_dataset, load_metric, DatasetDict, Dataset
from sklearn.model_selection import train_test_split
import pandas as pd

# 1. 数据加载和预处理
def load_and_preprocess_data(data_dir):
    # 假设每个文件夹中的文件名是 "positive.txt" 和 "negative.txt"
    train_pos_files = [os.path.join(data_dir, 'train', 'positive.txt')]
    train_neg_files = [os.path.join(data_dir, 'train', 'negative.txt')]

    validate_pos_files = [os.path.join(data_dir, 'validate', 'positive.txt')]
    validate_neg_files = [os.path.join(data_dir, 'validate', 'negative.txt')]

    test_pos_files = [os.path.join(data_dir, 'test', 'positive.txt')]
    test_neg_files = [os.path.join(data_dir, 'test', 'negative.txt')]

    # 读取文件内容
    def read_file(file_path, label):
```

```python
    with open(file_path, 'r', encoding='utf-8') as f:
        texts = f.readlines()
    return [{"text": text.strip(), "label": label} for text in texts]

train_pos_data = read_file(train_pos_files[0], 1)
train_neg_data = read_file(train_neg_files[0], 0)
validate_pos_data = read_file(validate_pos_files[0], 1)
validate_neg_data = read_file(validate_neg_files[0], 0)
test_pos_data = read_file(test_pos_files[0], 1)
test_neg_data = read_file(test_neg_files[0], 0)

# 合并数据
train_data = train_pos_data + train_neg_data
validate_data = validate_pos_data + validate_neg_data
test_data = test_pos_data + test_neg_data

# 创建 DatasetDict 对象
dataset_dict = DatasetDict({
    'train': Dataset.from_pandas(pd.DataFrame(train_data)),
    'validation': Dataset.from_pandas(pd.DataFrame(validate_data)),
    'test': Dataset.from_pandas(pd.DataFrame(test_data))
})

return dataset_dict

# 2. 加载数据集
data_dir = 'data/'
dataset = load_and_preprocess_data(data_dir)

# 3. 加载预训练的 RoBERTa 模型和 tokenizer
model_name = 'roberta-base'
tokenizer = RobertaTokenizer.from_pretrained(model_name)
model = RobertaForSequenceClassification.from_pretrained(model_name, num_labels=2)
```

```
# 4. 数据预处理函数
def preprocess_function(examples):
    return tokenizer(examples['text'], padding='max_length', truncation=True)

# 应用预处理函数
encoded_dataset = dataset.map(preprocess_function, batched=True)

# 设置格式，使 PyTorch Trainer 能够使用
encoded_dataset.set_format(type='torch', columns=
['input_ids', 'attention_mask', 'label'])

# 5. 定义训练参数
training_args = TrainingArguments(
    output_dir='./results',
    evaluation_strategy="epoch",
    learning_rate=2e-5,
    per_device_train_batch_size=8,
    per_device_eval_batch_size=8,
    num_train_epochs=3,
    weight_decay=0.01,
)

# 6. 定义计算指标
metric = load_metric("accuracy")
def compute_metrics(p):
    predictions, labels = p
    predictions = torch.argmax(predictions, dim=1)
    return metric.compute(predictions=predictions, references=labels)

# 7. 初始化 Trainer 并进行训练
trainer = Trainer(
    model=model,
    args=training_args,
    train_dataset=encoded_dataset['train'],
```

```
        eval_dataset=encoded_dataset['validation'],
        compute_metrics=compute_metrics,
    )

    # 开始训练
    trainer.train()

    # 8. 保存模型
    model.save_pretrained('./roberta-sentiment')
    tokenizer.save_pretrained('./roberta-sentiment')

    # 9. 在测试集上进行预测（可选）
    predictions, labels, _ = trainer.predict(encoded_dataset['test'])
    predictions = torch.argmax(predictions, dim=1)
    accuracy = metric.compute(predictions=predictions, references=labels)
    ['accuracy']
    print(f"Test Accuracy: {accuracy}")
```

代码说明：

（1）数据加载和预处理：①从指定文件夹读取正面和负面情感的文本文件。②将数据组织成 DatasetDict 对象，该对象包含 train、validation 和 test 三个数据集。

（2）加载预训练的 RoBERTa 模型和 tokenizer：使用 Hugging Face 的 Transformers 库加载预训练的 RoBERTa 模型和 tokenizer。

（3）数据预处理函数：使用 tokenizer 对文本进行编码，包括填充和截断操作。

（4）设置格式：将编码后的数据集格式设置为 PyTorch 所需的格式。

（5）定义训练参数：使用 TrainingArguments 类定义训练参数，如学习率、批量大小、训练轮数等。

（6）定义计算指标：使用 load_metric 函数加载计算准确率的指标。

（7）初始化 Trainer 并进行训练：使用 Trainer 类进行模型训练，包括验证过程。

（8）保存模型：将微调后的模型和 tokenizer 保存到本地文件夹。

（9）在测试集上进行预测（可选）：在测试集上运行预测并计算准确率。

这样，研究者就可以使用微调后的 RoBERTa 模型来预测未标注数据的情感倾向了。要在线运行本章代码，请扫描本教材前言中的二维码访问 Mo 平台。

2.注释自动编写

在以上内容中，研究者采用文心一言生成的代码涵盖了数据处理和模型微调等方面的操作。然而，对于初次接触深度学习编程的人来说，这些代码可能有些难以理解。在这种情况下，我们可以请求大语言模型来帮助解释这些代码的功能和作用。以下是相关的操作。

提示词：

我作为编程新手，很难掌握它的结构和逻辑。您能否逐行提供注释并解释不同参数的用途？这样我可以更好地理解每个部分代码的用途以及如何调整它以满足我的特定需求。

具体输出内容略，读者可自行尝试。

3.代码错误自动修复

当初始代码输出与需求不完全匹配时，可以通过迭代并提供更具体的提示来优化代码。这个迭代过程对于完善代码而言至关重要，可按以下步骤进行。

（1）确定具体问题：首先找出代码中存在不足的具体部分。问题可能涉及功能方面、效率方面或与现有系统的不兼容性等方面。

（2）制定有针对性的提示：在确定问题后，针对性地提出能够直接解决这些问题的提示。例如，若代码未按预期运行，可询问："如何修改此函数以实现[预期结果]"。

（3）提供上下文：为大语言模型提供尽可能多的上下文信息，其中包括所需的最终结果、面临的约束条件，甚至是希望代码遵循的具体步骤。

（4）寻求解释：若代码的部分内容不清楚，可请求添加注释或文档以解释各部分的作用。例如，"能否在代码中添加注释，解释每个函数和参数的用途？"

（5）根据需要进行迭代：有时可能需要多次迭代才能获得令人满意的代码。要求不断调整，直至代码符合规范。

（6）测试代码：在收到更新的代码后，可在目标环境中进行测试。若仍存在问题，则反馈测试结果并请求进一步修改。

5.4.2　大语言模型辅助多媒体数据内容分析

在这个案例中，我们将使用大语言模型进行图片内容分析。图5-3为某位推特用户发布的一条关于核废水排放的推文的配图。我们可将此图片上传，并给出有针对性的提示词，让大语言模型分析此图片。

图5-3 大语言模型分析图片示例

1.分析图片

提示词：

用简洁的句子描述图片，然后告诉我这张图片传达出怎样的情感，并告诉我你的理由。

"通义千问"输出内容如下：

这幅图描绘了一个女孩站在一条死鱼旁边哭泣，背景中有放射性标志和绿色烟雾。整个场景充满了悲伤和绝望的情绪。我认为，这张图片传达出了人类活动对环境造成破坏所带来的后果。女孩的眼泪象征着她对失去生命的悲痛之情，而那条死去的鱼则代表了无辜生物因为环境污染而遭受伤害的事实。此外，那些放射性符号以及绿色烟雾暗示着核能或者其他形式的能量使用可能带来的危险影响。因此，这张图不仅展示了个人层面的情感反应（即女孩的感受），还揭示了更广泛的社会问题——我们需要关注并采取行动来保护我们的星球免受进一步损害。

2.分析文字

这张图片还有一段附属文字，我们同样可以输入大语言模型，让它帮我们分析。

提示词：

请分析解释这张图片的附属文字："Japan's insistence on discharging nuclear wastewater into the sea: a loss of credibility and a challenge to human conscience on August 24，the government of Japan unilaterally and forcibly initiated the discharge of contaminated water from the Fukushima nuclear accident into."

"通义千问"输出内容如下：

这段话是关于日本政府决定将福岛核电站事故产生的污染废水排放到海洋的评论。作者认为，这一行为不仅是对国际社会信任度的损失，也是对人类良知的一种挑战。该评论表达了对日本政府这种不负责任行为的失望态度，并呼吁各国政府及

民众提高警惕，防止类似事件再次发生。同时，它也提醒我们要重视环境保护，共同努力维护地球家园的安全与健康。

- -

此实例不仅展示了生成式人工智能在处理和分析多种类型数据方面的强大能力，还凸显了它作为社会科学家有力工具的实用性，尤其是在研究者不具备深厚专业技术知识的情况下。借助大语言模型的先进算法，社会科学家能够轻松提取并解释文本、图像，甚至更多模态的数据。自动化的数据处理和分析技术大幅度减少了传统方法中的烦琐步骤，不仅提高了研究效率，还使研究人员能够专注于数据解读和理论建构，避免陷入繁杂的技术细节。同时，大语言模型提供的深刻见解也可以帮助社会科学家发现和理解数据中隐藏的模式和趋势，从而更好地解读复杂的社会现象。

本章小结

本章介绍了大语言模型的发展历程和基本技术，着重通过一系列例子，探讨了大语言模型在不同领域的应用。近年来，大语言模型的快速发展给包括社会科学在内的各个领域带来了新的机遇与挑战。我们需要了解大语言模型的方法，同时掌握如何有效利用大语言模型这一新工具，应用在我们的学习、研究和实践中。

习题

一、判断题

1.大语言模型本质上是深度神经网络。　　　　　　　　　　　　　　　　（　　）

2.大语言模型只能以文本作为输入。　　　　　　　　　　　　　　　　（　　）

3.大语言模型就是聊天机器人。　　　　　　　　　　　　　　　　　　（　　）

4.大语言模型具备一定的语言理解与分析能力。　　　　　　　　　　　（　　）

二、单项选择题

1.大语言模型的主要功能是什么？　　　　　　　　　　　　　　　　　（　　）

　　A.生成和理解自然语言　　　　　　　　B.控制物联网设备

　　C.进行图像识别　　　　　　　　　　　D.管理数据库

2.在大语言模型中，GPT 代表什么？　　　　　　　　　　　　　　　　（　　）

　　A.通用翻译模型　　　　　　　　　　　B.生成式预训练模型

　　C.图像处理技术　　　　　　　　　　　D.语音识别系统

3.大语言模型的一个主要挑战是什么？　　　　　　　　　　　　　　　（　　）

　　A.数据标注过于精确　　　　　　　　　B.偏见、隐私和版权问题

　　C.缺乏足够的词汇量　　　　　　　　　D.无法处理文本数据

4.大语言模型通常依赖于什么来进行训练？ （ ）

　　A.大量标注的语音数据　B.大量的文本数据

　　C.数学方程　　　　　　　　　　　　D.视频数据

三、多项选择题

1.以下哪些技术是大语言模型产生的重要基础？ （ ）

　　A.深度学习技术　　　　　　　　　B.Transformer

　　C.注意力机制　　　　　　　　　　D.支持向量机

2.以下哪些是大语言模型的常见应用？ （ ）

　　A.文本生成　　　　　B.图片生成　　　　C.密码生成　　　　D.视频生成

四、简答题

1.请阐述"大语言模型本质上是深度神经网络"这一观点，并说明深度神经网络在模型中的作用和优势。

2.分析"大语言模型只能以文本作为输入"这一说法的局限性，并讨论除了文本之外是否有其他可能的输入形式或扩展方向。

五、实践题

1.设计一个小型实验，通过一些具有争议性或敏感性的提示，观察大语言模型生成文本时可能出现的偏见或隐私泄露问题。

2.利用预训练大语言模型开发一个简单的问答系统。

第 6 章　数据链条和数据生态

在前面的章节中，主要介绍了以机器学习为核心的人工智能建模方法，这些方法要用在真实场景中，还需要一系列其他方法的支持，比如数据的收集、建模前的数据分析、建模后的模型应用等。这些方法组合在一起，可以看成一条数据从采集到应用的工作流，被称为"**数据链条**"。本章将介绍数据链条的基本概念和每个环节的核心方法。同时，还将从数字经济的角度来分析此数据链条，并提出了当前数据生态的一些核心挑战。

6.1　数据链条的概念

随着数据量的不断增加，以及计算和建模技术的不断进步，社会科学（乃至更广泛的科学领域）的研究与实践将更加依赖于一种基于数据驱动的新方法和新模式。在数据驱动的方法中，数据成为核心因素，一系列操作围绕着数据展开，我们将其称为数据链条(data chain)。当数据流经数据链条时，数据会由原始资源转变为最终产品。在此过程中，数据产生了价值，这些价值是从原始数据里所不能直接获得的，因此，数据链条也是挖掘数据价值的过程。

在一个典型的数据链条中，主要存在五个步骤，分别为**数据收集**、**数据管理**、**数据预处理和转换**、**分析与建模**以及**应用**。本章后面的内容将介绍每个步骤中一些有用的方法。

需要注意的是，尽管我们将数据链条命名为"链条"，但它不一定是线性进行的，而是存在迭代往复的过程。如图 6-1 所示，A～E 分别表示五个常见的内部循环：A 为全循环；B 为建模分析的循环；C 为数据预处理与建模分析的循环；D 为从数据收集到建模分析的循环；E 为从数据收集到预处理的循环。

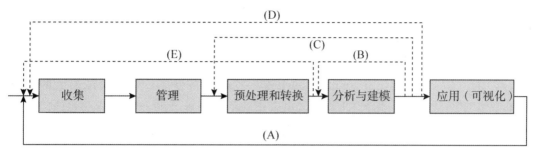

图 6-1　数据链条

6.2　数据收集

数据链条的起点是数据收集，数据的质量往往直接决定了后续工作的成败和产品的价值。在当今的大数据时代，我们拥有众多数据源头和庞大的数据量，然而要收集这些数据，仍然需要付出一定（甚至是巨大的）努力。以下是一些常用的数据收集的方法。

用户调查和问卷调查：这是社会科学领域最常用的数据收集方式，此方法显而易见的优点是比较直接，可以在问卷中询问调查对象任何想问的问题；易于执行且具有主观性，便于衡量人们的意见，这在其他方法中很难做到。但问卷也存在局限性，往往会因为抽样方法、提问方式的不同而造成结果的偏差，因此建议针对特定的案例采取特定的用户调查形式。

开放数据库：近年来，政府、各类组织和公司的开放数据量正在迅速增加，这些数据易于使用且免费，如伦敦数据库、世界银行开放数据、Kaggle 等。不过，开放数据存在一些共性的问题，如数据质量参差不齐、缺乏维护等，并且开放数据库一般只会包含适合免费发布且不敏感的数据，而许多有价值的、敏感的、针对性较强的数据则不能通过这种方式开放共享。

既有数据：很多我们所需的数据已经存在于各类企业和政府的数据库中，比如政府"城市大脑"平台里的各种数据等，这时候我们需要做的是找到这些数据，而不是获取新的数据。这些数据的量级一般比较大，并且收集难度很高，普通的研究者和研究机构很难通过自己的渠道获得，所以需要跟政府和企业进行沟通合作。

传感器：传感器包括各种测量可观测目标的物理装置，其种类繁多，如街道上的摄像头和手机中的陀螺仪等。尽管使用传感器可以直接采集到所需数据，但它具有明显的局限性。首先，传感器成本较高，虽然单个传感器可能价格较为便宜，但要组成一个传感器网络，通常需要购买大量传感器，此时，我们建议最好用"虚拟传感器"来观察目标，即通过已有设备或已有数据间接获取数据，从而避免高额投资。其次，无论将传感器部署在公共还是私人场所，均需得到政府或用户的批准，且要确保它不会侵犯隐私。

众包： 众包，即群众外包，是一种特定的获取资源的模式。在该模式下，可以利用大量的用户来获取所需的资源。当自行收集数据非常耗时的时候，就可以尝试用众包的方式获取数据。PatientsLikeMe是一个很好的例子，它是全球最大的健康管理数据平台之一，由超过830000名患者组成的不断壮大的社区，分享着他们的健康、症状和治疗等个人信息，由此构成了一个庞大的健康和医疗数据库。通常，众包会产生成本，例如Amazon Mechanical Turk需要花费大量薪资雇佣"众包工作者"。但是，你可以设计某些巧妙的机制（比如游戏机制）来鼓励用户贡献他们的数据而无需向其支付费用。例如在对年代久远的英文报纸中的单词和字母进行数字化归档时，有些单词较为模糊，光学字符识别（optical character recognition，OCR）等机器模型很难识别，这时可以采用众包的思路实现人工批注，将这些单词做成验证码的形式，让一些访问量高的网站采用这些验证码，这样网站的用户在验证时，便可提供准确率较高的标注信息，并且无需向用户支付报酬。

网络： 互联网可以被视为世界上最大的数据库，但是，互联网上的数据是异构且分散的。我们可以使用一些爬虫工具来对网站的数据进行爬取，比如Scrapy等。进行网络爬虫并不是一个很难的工作，但是可能需要花费大量的时间来做数据清理、结构化、融合以及其他许多琐碎的工作。另一个挑战是如今社交网站（例如Twitter和Facebook）越来越封闭，从中获取所需数据较为困难，并且一些网站也引入了反爬虫的机制，通过限制IP等方式来限制爬虫从这些网站上爬取数据。

6.3　数据管理

当数据收集完成之后，接下来要做的就是存储和管理数据。通常，我们可以使用文件（如Word、Excel等）和数据库（如SQL、NoSQL等类型的数据库）等形式来存储数据。

文件非常灵活，适合存储多媒体数据（如图像、音频、视频等）和非结构化数据（如日志、电子邮件等）。如果数据是结构化的（具有类似表格的格式），则最好使用数据库进行存储，因为将数据存储在数据库中通常比存储在Excel中更具灵活性，也更容易用简单的代码实现查询、添加、删除、统计等操作。

数据库是用于组织数据的系统，传统的数据库系统以SQL数据库为主。SQL数据库使用标准查询语言（structured query language，SQL）来操作数据库中的数据，包括插入、更新、删除和查询。SQL数据库的另一个特征是其数据收集的概念结构，或称为数据模式（data schema）。

尽管SQL数据库擅长组织结构化数据，但其存在一定的局限性。通常认为，最严重的限制是它不能很好地支持大数据分析和建模所必需的异构数据。由于SQL数据库中的传统表格无法存储具有不同架构的数据记录，因此SQL数据库在收集数据之前需要对数据架构进行精心设计。例如，在建立班级学生数据库时，就需要提前设计好变量，如姓名、年龄、身高等。如果这时候出现了一个新的变量——体重，那这条含有新变量的数据就没办法放进之前的数据库。

为了克服这些限制，出现了一组新的数据库系统，例如MongoDB、HBase、CouchDB等，将其统称为**NoSQL数据库**。如果你的数据是异构的，我们建议尝试使用这些NoSQL数据库。相比于SQL数据库，这些数据库更灵活，对数据模式的约束更少，并且更适合某些应用程序，例如用于图形数据Neo4J。

MongoDB作为一款易于使用且灵活的文档数据库，受到了很多人的欢迎。在这里，我们介绍MongoDB的一个简单应用例子，以便读者更好地理解NoSQL这类数据库。

在MongoDB中，一条数据会被存储为一个JSON文档。例如，下面这个JSON文档代表的是一位足球运动员。

```
{"name": "Filippo Inzaghi", "age": 45, "position": "Forward"}
```

你可以将这条数据存储到MongoDB中名为"player"的集合中。

```
db.player.save(
    {"name": "Filippo Inzaghi", "age": 45, "position": "Forward"}
)
```

你也可以将一条具有不同格式的数据存储到同一集合中。

```
db.player.save(
    {"name": "Lionel Messi", "team": "Barcelona", "number": 10}
)
```

如上所示，能够灵活地将不同格式的数据存储在同一集合中，这是MongoDB的一大优势。

我们也可以使用find()函数来获取数据。

```
db.player.find({})
```

它将返回以下结果。

{ "_id" : ObjectId("5f20ee6b444a1b1612fc8784"), "name" :
"Filippo Inzaghi", "age" : 45, "position" : "Forward" }
{ "_id" : ObjectId("5f20ee89444a1b1612fc8785"), "name" :
"Lionel Messi", "team" : "Barcelona", "number" : 10 }

6.4　数据预处理和转换

从理论上来说，在收集了数据并将其存储在数据库后，便可对其进行分析。但通常因为数据质量较低和数据格式不符等问题，这些数据并不适合直接进行分析。因此在分析之前，我们需要进行数据预处理〔与之类似的概念是数据整理（data wrangling）〕。数据预处理的目的是解决数据中存在的问题，这些问题包括以下几点。

缺失数据：某些需要的数据丢失是很常见的现象。造成这种现象的原因有很多，例如用户调查的覆盖范围不足、传感器故障、输入不完整等。缺失数据有两种类型：①缺失属性。数据记录的某些属性丢失，例如某些用户没有年龄信息；②缺失记录。某些数据记录完全缺失，例如缺失了一组用户的数据。以下几种方法可以处理缺失数据：①比较简单的方法是直接删除缺失属性的记录，但此方法会浪费一些有价值的现有数据，尤其是在缺失属性很常见时，这种方法就不适合使用。因为如果将它们全部删除，则数据大小将会受到限制。②可以进行数据插值（对数据属性和数据记录），有很多插值方法可以使用。例如，使用统计推理来推测缺失数据（将缺失值设置为其他数据点的平均值），或使用预测模型来预测缺失数据（线性回归、时间序列预测等）。③可以使用一些高级方法，例如主动学习和半监督学习来对缺失数据进行建模。

数据噪声：另一个常见的问题是数据中存在噪声。噪声是指数据存在的误差。噪声可能是数据采集不正确、传感器出现异常，或者仅仅是被观测系统固有的不确定性所导致的。为了解决这种噪声问题，研究人员在信号处理、统计推理等学科领域发明了许多理论和方法。对于一些简单的场景，比如删除重复记录，使用数据清理即可。但在复杂场景中，需要先用异常检测查找到重要的噪声数据，然后根据数据的特殊情况和数据分析的目标选择合理的方法进行处理。此外，也可以使用一些现成的数据清理工具来简化工作流程。

数据不一致：从多个来源收集数据时，可能出现数据不一致的问题。为了获取统一的数据，首先要做的是进行数据匹配，以识别和整合不同来源中描述相同目标的多个数据记录（如单个患者的多份病历）。如果这些数据具有相同的标识（如用户身份证号码或护照号码），那么对此类数据进行匹配时，就相对简单。但出于隐私考虑，大多数情况下数据是匿名的，这就导致数据标识不可见。此时，我们就需要花费较多精力去查找那些存在关联的数据记录（例如，根据年龄、医疗保健活动等重合的数据属性，查找属于单个患者的数据）。另一个常见的问题是，在匹配多个数据记录之后，数据属性之间会存在不一致的情形［数据集成（data integration）问题］。例如，针对单个患者，可能会出现两种不同的测试结果，而其中一种结果可能是由输入错误造成的。在这种情况下，就需要通过异常检测之类的方法来判定哪个值有问题。除了数据值不一致外，数据的格式和规模也可能不一致。例如，温度数据可以用华氏温度或摄氏度来计量，此时便可通过数据标准化操作，使数据格式和规模达成一致。

数据量不足：若要构建一个性能良好的机器学习模型，就需要足够的数据量，对于深度神经网络来说，甚至需要大量的数据，而实际上可能并没有足够的数据量。假设我们希望建立一个机器学习模型来预测一个城市的GDP，但是只找到了该城市过去十年的GDP数据。这样的数据规模太小，不足以建立一个好的模型，更不用说像循环神经网络这样的深度学习模型了。此时，一个可行的解决方案是自举（bootstrapping）：随机选择并复制现有的数据，然后添加一些噪声到复制的数据中（见图6-2）。这种复制操作可以在不改变原有数据分布的前提下增加数据量。

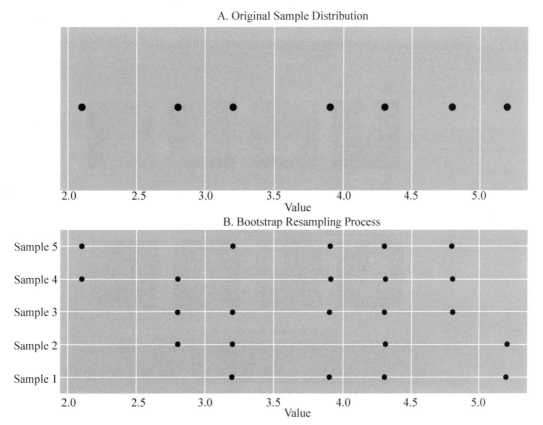

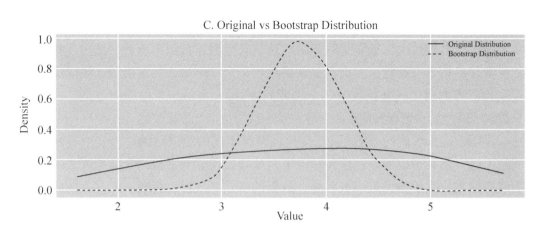

图6-2　数据自举

（来源：https://www.sciencedirect.com/science/article/pii/S0009912017307567）

　　另一个有用的方法是数据增强，它通过对原始数据进行一些细微的更改从而产生新数据。数据增强是视觉建模任务中常采用的标准预处理方法，它不仅可以产生新数据，还可以缓解机器学习中的过拟合问题。通过数据增强，模型可以处理图像之间的差异，使得其学习的知识或特征更加强大。此外，数据增强也是最近自监督对比学习中的必要步骤。图6-3是将数据增强应用于脑图像的示例。对于非图像数据，同样可做数据增强。根据其特征值作相应的增强，利用插值、近似等方法生成新的且合理的样本。比如，可以参考SMOTE算法（synthetic minority over-sampling technique），该算法可通过合成新样本来处理样本不平衡问题，从而提升分类器的性能。

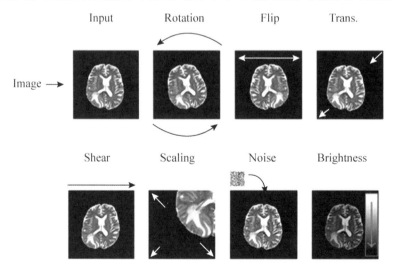

图6-3　脑图像数据增强

（来源：https://www.frontiersin.org/articles/10.3389/fncom.2019.00083/full）

　　除了以上问题外，有时还需要进行数据变换。数据变换是指将数据从一种格式或结构转换为另一种格式或结构的过程。

　　数据变换可以是简单的也可以是复杂的。例如，Log转换（对数转换）就是简单的数据变换，它能使数据之间的关系更加清晰明了。很多经济领域的数据通常采用对数转换的办法，使其特征更加清晰可见。图6-4展现了对数转换在描绘大脑重量和体重的关系方面的应用。

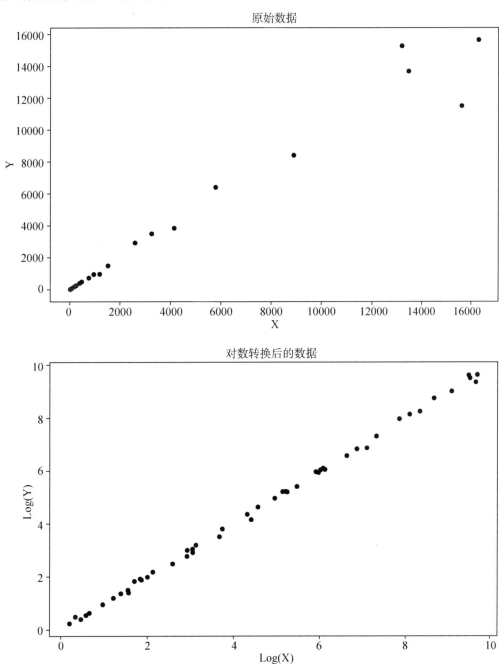

图6-4　根据原始数据（上图）和对数转换后的数据（下图）描绘大脑重量与体重的关系的应用

另一个有用的数据变换方法是傅里叶变换。傅里叶变换能将时间序列数据分解为其组成频率（频域），其在信号处理方面（如语音识别）很有用。

6.5　数据分析：让数据拥有价值

数据预处理完成后，下一步就是进行数据分析。数据分析是数据链条中重要的一步，其目的是从数据中获取价值，用于之后的决策和应用。如前所述，如果我们没有能力从数据中获取价值，那么数据就会成为一种负担。

虽然数据分析和数据建模都能从数据中获取价值，但两者存在一定的差异。数据分析主要是从数据中获取一些有用的结果，而数据建模则更多的是建立数据与其结果之间的函数关系。在 $y=f(x)$ 这个表达式中，x 是数据，y 是结果，$f()$ 是函数。简单来说，数据分析更在意 y 的内容，而数据建模则更关心构建 $f()$ 这个函数。

我们需要提及与数据分析相关的一个概念，叫作数据挖掘。尽管数据挖掘和数据分析之间存在细微差别，例如有些人认为数据挖掘更侧重于数据的探索，但在大多数情况下，它们是可互换使用的。因此，在这里我们将两者视为同类型的方法。

数据分析可以指许多不同类型的方法，典型的分类方法将其分为四种类型：描述性分析、诊断性分析、预测性分析和规范性分析。我们主要介绍前两种类型的分析方法，它们主要是从过去发生的数据中获取信息。而后两种类型更多的是涉及数据建模的。

以下介绍的数据分析方法主要是统计方法。我们将这些统计方法分为两类：针对单个变量的统计分析和针对多个变量的统计分析。

6.5.1　单个变量的统计分析

1.统计归纳

统计归纳用于总结有关数据的信息，常用的方法包括以下几种。

复制数度量：数据 X 的条数 n。

中心性度量：包括算术平均值、几何平均值、修整平均值、中位数和众数。

离散性度量：数据离散度是指数据值在其平均值附近的分散程度。如图6-5所示，如果数据分布靠近平均值，则数据的离散度较低；如果数据分布远离平均值，则说明数据具有较高的离散度。

离散性最常见的度量方式是方差：

$$\text{Var}(X)=\sigma^2=\frac{1}{n}\sum_{i=1}^{n}(x_i-\mu)^2 \tag{6.1}$$

式中，μ 是根据数据 X 的 n 个值计算得到的均值，σ^2 是方差，σ 是标准差。

如果数据 X 的分布是已知的，则方差的计算方式如下：

$$对于离散分布：\sigma^2 = \sum_{i=1}^{N} P(x_i)(x_i - \mu)^2 \tag{6.2}$$

$$对于连续分布：\sigma^2 = \int P(x)(x - \mu)^2 \mathrm{d}x \tag{6.3}$$

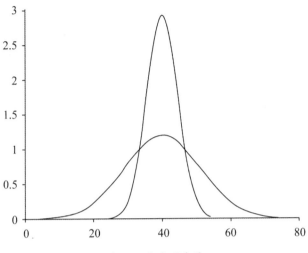

图6-5　离散型度量

　　箱形图又称盒须图、盒式图、盒状图或箱线图，是一种用于显示数据分散情况的统计图，可作为一个很好的可视化方差的方法。

　　范围度量：数据集中最大值和最小值之间的差，如图6-6所示。

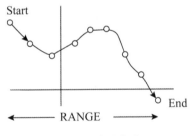

图6-6　范围度量

（来源：https://www.statisticshowto.com/probability-and-statistics/statistics-definitions/range-statistics/）

2.数据分布

　　数据分布可用于统计推断，它通过对采样数据的分析，从而估计整个群体的属性。

　　了解数据分布情况有助于深入数据分析。直方图是查看单变量数据分布的一种常见方法，如图6-7所示。虽然创建直方图比较简单，但在设计直方图时，选择合适的组距至关重要。例如，同一份数据集在不同的组距设置下看起来完全不同，如图6-8和图6-9所示，图6-8的组距为10，图6-9的组距为1。较大的组距能够更直观地呈现样本的整体分布态势，而较小的组距则提供了更细粒度的刻画。

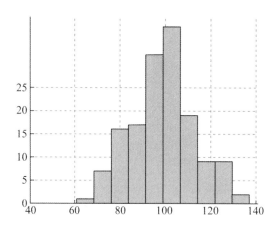

图 6-7 直方图示例

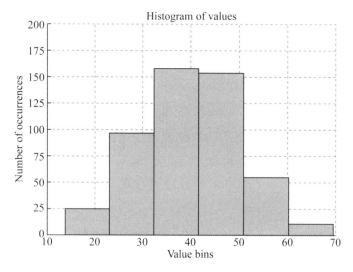

图 6-8 组距为 10 的直方图

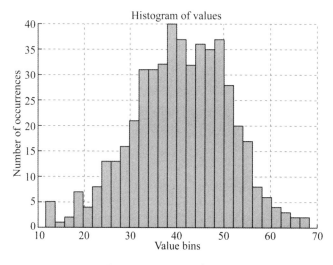

图 6-9 组距为 1 的直方图

6.5.2　多元统计分析

接下来，我们介绍针对多个变量的常用分析方法。

1.常用方法

在对多变量数据进行统计分析时，我们仍然可以使用前面提及的方法，如频域分析，但往往我们更关心这些变量之间的结构或相互关系。如图6-10和图6-11所示，当数据的维度是二维或三维时，我们可以通过绘制散点图来观察数据的结构和变量之间的关系。

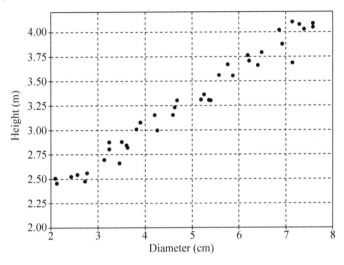

图6-10　二维散点图

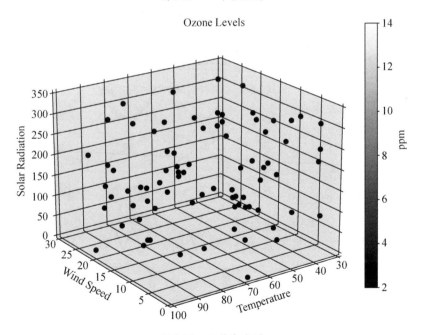

图6-11　三维散点图

2.相关性分析

相关性分析是为了寻找多个变量x之间，以及x和y之间的关系。例如，如果要预测一个城市的GDP，并且有多个与GDP相关的变量时，就需要分析哪些变量与GDP的相关性更高。

常用的经典分析方法是**皮尔森分析**，它测量的是两个变量之间的线性相关性，如图6-12所示。皮尔森相关性系数ρ的值介于$+1$到-1之间。其中，$+1$代表两个变量完全正线性相关，0代表线性无关，而-1则代表完全负线性相关。计算变量X_1和X_2之间的ρ值公式是：

$$\rho = \frac{\text{cov}(X_1, X_2)}{\sigma_{X_1}\sigma_{X_2}} \tag{6.4}$$

式中，$\text{cov}(X_1, X_2)$是X_1和X_2的协方差，σ是标准差。

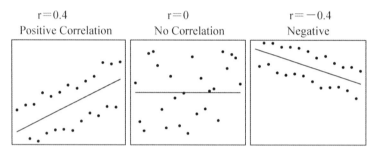

图6-12　皮尔森相关分析

皮尔森度量的问题在于其只能获取线性相关性，但在现实场景中大多数变量之间的相关性十分复杂且是非线性的。为此，我们可以使用诸如**最大互信息系数**（maximal information coefficient，MIC）之类的方法获取非线性相关性。简单地说，MIC衡量的是两个变量之间的非随机性，其中包括线性相关和非线性相关。如图6-13所示，当两个变量之间的关系呈现出圆形等非线性关系的时候，MIC依然可以识别其相关性，不过当这种

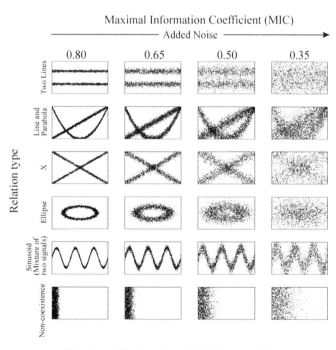

图6-13　MIC在多种关系图中的表示形式

非线性相关性的随机性增加时，MIC 的取值会随之下降（如图 6-13 从左到右的变化）。

因此，当数据具有多维特征并且需要确定使用哪些特征进行建模时，MIC 方法十分有用。你可以先计算每个特征与目标变量之间的 MIC 值，然后选择 MIC 值较高，即相关性较强的特征进行建模。在之前的很多研究中，我们都采用了这个方法，但由于 MIC 的计算过程较为复杂，人们通常使用其近似版本。

3. 降维

降维是将多个变量 $X_1, X_2, \cdots, X_m$ 转换为新变量 $Z_1, Z_2, \cdots, Z_k$，且 $k < m$。降维的目的是：降低特征维度从而避免过拟合现象；寻找这些变量的结构；可视化高维数据。

最常用的降维方法是**主成分分析法**（principal component analysis，PCA），它用更易处理的低维形式表示变量之间的依赖关系，且不会丢失太多信息。需要注意的是，PCA 不是进行特征选择，而是将原有的特征映射到新的低维特征空间里。

以图 6-14 为例，你可以通过查找数据沿其变化最大的新坐标轴，将二维数据压缩为一维，这种压缩方式可以在原始数据中保留最多的信息。

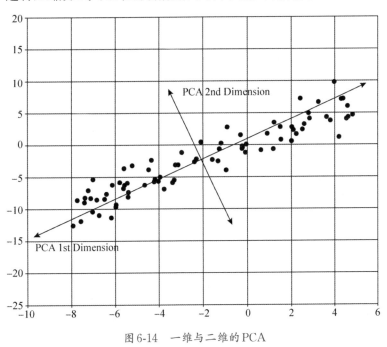

图 6-14　一维与二维的 PCA

6.6　数据应用与可视化

在完成数据分析和建模之后，我们需要将得到的模型提供给最终用户使用。为了达到这个目的，我们需要将模型部署到应用程序中，有时还需要以一种更直观可见的方式在应用程序中呈现。这里介绍的是数据链条的最后一步：应用和可视化。

6.6.1 模型推理、部署和压缩

如前文所述，建模包括模型训练和推理两个阶段。推理就是利用训练好的模型 $y=f(x)$ 对新的输入 x 进行预测得出 y。模型的应用主要是关于模型推理的。需要注意的是，本节中我们提到的模型大部分是指需要被投入使用的神经网络等人工智能模型，对于一些探索相关性的研究来讲，模型部署这一步并不是必要的。我们常说模型训练是"离线"进行的，也就是说它可能需要耗费很长时间，是应用的前期阶段；而模型推理是"在线"进行的，这就要求模型在低延迟的情况下进行预测。

为了使用该模型，我们需要将其部署到应用程序中。

对于Web应用程序，可以简单地加载模型文件，并使用它进行预测，下面是一个Flask的例子。

```python
from flask import Flask, jsonify, request
import torch

app = Flask(__name__)
model = torch.load(MODEL_PATH)
model.eval()

def get_prediction(image_bytes):
    outputs = model.forward(image_bytes)
    _, y_hat = outputs.max(1)
    return y_hat

@app.route('/predict', methods=['POST'])
def predict():
    if request.method == 'POST':
        # we will get the file from the request
        file = request.files['file']
        # convert that to bytes
        img_bytes = file.read()
        class_id, class_name = get_prediction(image_bytes=img_bytes)
        return jsonify({'class_id': class_id, 'class_name': class_name})
```

```
if __name__ == '__main__':
    app.run()
```

你也可以使用更高级的部署方式，比如 TF Serving（请参考相关教程）。

对于移动 APPs，你可以先将模型部署到 Web 上，然后调用它。这种方法适用于规模庞大的模型，在存储和计算量有限的情况下，这类模型无法灵活地部署到移动设备上。当然，你也可以将模型直接部署到移动设备上。现代模型设备以及很多其他边缘设备都具备机器学习推理能力，甚至还具备一定的训练能力，其中一些设备配备了特定的芯片，如 SoC 或神经处理单元（NPU）。流行的框架包括 Pytorch mobile 和 Tensorflow lite。

虽然我们可以直接部署训练好的模型进行推理，但通常模型规模巨大，对于存储、功耗、计算量有限的部署环境来说，难度很大。因此，通常我们需要将模型压缩到更紧凑的大小。模型压缩的方法有很多，包括修剪、矢量量化、提炼等。

6.6.2　可视化

分析结果和模型输出有时是复杂的，难以被终端用户直接观察和理解。在这种情况下，可视化可以通过将复杂的数据转化为易于理解的视觉图形，帮助传达知识。

可视化的形式既可以是非常简单的，如线图，也可以是非常复杂的，如 VR 动画。其原则不是要把它做得很花哨，而是要确定你想要呈现的关键信息，并据此设计最适合的可视化类型。

图 6-15 是一个伦敦地铁的可视化线路图，但通过此图乘客很难弄清楚如何在不同的线路之间进行中转。

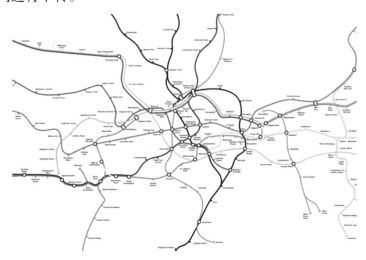

图 6-15　伦敦地铁路线图

（来源：https://deskarati.com/wp-content/uploads/2012/03/geo_tubemap.gif）

因此，图6-16给出了一个更实用的线路图。通过将线路进行统一规整之后，轨道图的可读性变得更强了。

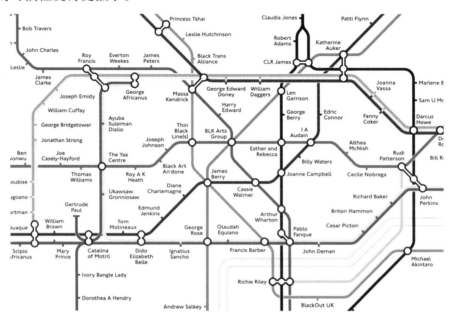

图6-16　规整后的伦敦地铁路线图

（来源：https://deskarati.com/wp-content/uploads/2012/03/geo_tubemap.gif）

如果想观察乘客数量，可以使用如图6-17所示的可视化图。这张图将气泡的元素加入轨道线路里，气泡的大小反映了该站人流量的多少，同时，线路的粗细也反映了该段线路乘客数量的多少。

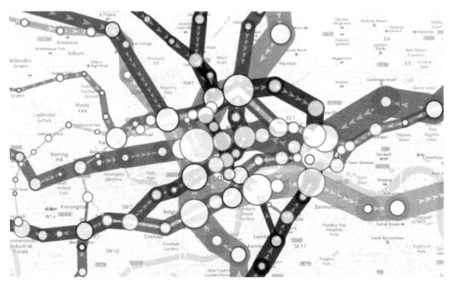

图6-17　显示客流量情况的伦敦地铁路线图

（来源：https://www.timeout.com/london/blog/this-animated-tube-map-shows-the-busiest-times-on-the-underground-091516）

6.7　数字经济和数据生态

数据被广泛认为是一种新型资源，对于以机器学习乃至人工智能为基础的新经济模式来说尤为重要。在2020年发布的《中共中央国务院关于构建更加完善的要素市场化配置体制机制的意见》中，首次将"数据"与土地、劳动力、资本、技术等传统要素并列，并提出要加快培育数据要素市场。

数据与传统要素相比有很大不同（非独占性和排他性、复制成本很低、价值不确定等），要使其成为一种完善并充分发挥经济和市场作用的要素，提升社会数据资源价值，就必须明确其基本经济属性和基本规则。未来，数字经济占国内生产总值的比重会逐渐增大。从数据中获益的不仅是某些行业，而是所有行业。然而，数字经济的一些基本规则迄今为止仍没有很好的设计，比如数据如何确权？数据如何定价？数据如何交易？这些火热的概念背后缺乏扎实的基础工作以及清晰而有效的方法设计，造成数字经济成为一个热门词而难以真实把握。

广义而言，经济被看成价值创造的活动。因此，若对某一个价值创造活动而言，数据是必需的，则此活动就可以被看成数字经济。众多经济活动都可以与数据空间产生连接，比如任何经济活动都会产生报表，从而产生数据，但这不是数字经济。只有当此经济活动离开数据就无法实施的时候，它才叫数字经济，例如数据可作为一种必要的原料输入、协调中介等。

需要注意的是，数据要支持经济活动，离不开计算机程序。因为根据我们的定义，只有计算机程序才能处理数据，因此，数字经济实际上是通过计算机程序来运用数据的经济活动。在计算机程序空间中，可以存在丰富的应用，能够提供各种产品和服务，能够产生和计算效用，形成供需关系和市场，并进行商业模式的创新，而正是这些，才让数据能够参与价值创造的过程。

在互联网平台和数字企业发展之初，数据的粗放式获取和快速积累改变了市场竞争的性质和方式，推动了数字经济的高速发展。然而，随着数字化的不断深入，数据的隐私属性和资产属性愈发明显，集中式利用数据的方式暴露出如数据隐私泄露、数据孤岛和数据垄断等一系列问题。

隐私泄露：如今可以采集到的个人信息频率和数量显著增加，其中可识别出的隐私信息也更为丰富。例如，通过对用户的消费、出行、通信、医疗记录进行分析，就能获取用户的偏好、社会关系甚至身份信息。

数据孤岛：对于掌握高价值数据的机构或部门，由于数据价值无法确定、数据权属不明或监管不力等，数据拥有方不愿意或不能共享数据，导致数据孤岛现象。

数据垄断：数据搜集者或数据平台通过营造网络生态系统吸引流量、汇聚信息，进而控制数据以提高市场进入壁垒及转换成本，最终导致数据垄断现象的出现。这一现象还衍生出了不正当竞争、价格歧视，甚至操纵社会等问题。

6.7.1　数据的原材料和资产属性

通过有效的分析和建模，我们可以从数据中提取价值。正如前几章所介绍的，数据链是一条增值链，将数据从原材料转化为产品和服务。人们已经意识到数据的潜在价值。在数字经济中，关于数据经常出现两种比喻，一是把数据看成原材料，二是把数据看成资产。数据确实有符合这两种比喻的属性，然而它与传统的原材料和资产又有区别。我们来分析一下数据的原材料属性（或资源属性）和资产属性及其特殊之处。

1.原材料属性

数据可以被输入到计算机程序中，由计算机程序产生效用（比如用于推荐商品、自动进行证券交易、提供自动驾驶、优化企业管理等），因此，它可以被看成一个生产链条上的原材料。

可加工：由之前对数据的定义可知，数据需要被计算机程序处理后才能产生效用，而且计算机程序对数据的处理往往不止一次，而是一系列的操作，这就是前文所述的数据链条。在数据链条上的动作，即是对数据的加工。数据经过这些加工后，最终形成产品和服务。这个过程类似于从原油开始，一步步制成塑料制品。

不可直接使用：一个相关的概念是原数据。原数据是指没有经过上述数据链条加工的原始数据（严格来说，仅经历"数据收集"这一动作），原数据如同原油，虽然蕴含价值，但是很少能直接被使用。

注意不要把原数据与元数据混淆，元数据是对数据的描述（可以看作关于"数据的数据"），比如对于一份传感器采集的数据来说，其元数据可以包含传感器的硬件描述、采样率、数据量、平均值等统计值及数据的可靠性等。这些元数据也在数据链条中被利用并产生价值。

可增值：数据作为原材料，其加工过程是一个增值过程。上述数据链条中的每个动作，都在逐步挖掘数据中的价值。因此，每个动作可以从数据的增值中产生收益。

由此可见，数据与石油、木材等其他原材料一样，具有资源的属性。甚至有人认为，数据正在成为未来最重要的资源，因为数据是人工智能的燃料，而人工智能将是促进生产力发展的关键因素。

2.资产属性

数据资产之所以是目前常用的一个概念，是因为数据也拥有资产属性。根据维基百科的定义，资产是指透过交易或非交易事项所获得的经济资源，能以货币衡量，并预期未来能提供效益。通过对数据的观察，很容易地发现其具有一些资产属性：①数据是一种能产生效益的资源，能够为个人或企业带来收益；②数据具有所有权属性，属于无形资产；③数据能以货币形式进行衡量，因此它可转移、可交易；④数据的获取往往需要付出人力、设备等成本。

根据以上分析，数据的原材料和资产属性清晰可见，因此才有把数据比作石油、钻石、货币等的比喻。还有人把数据比作一种新的商品，那么数据是否有商品属性呢？商品是为其使用者或消费者提供效用的，那么数据是否能直接提供效用？一般来说并不能。

我们说数据经过数据链条形成数据产品，然后产生效用，但数据产品的形态一般不是数据（除了一些特别的情况，比如它是一张数据报表），而是一个系统（如智能家居系统）、一种服务（如商品推荐服务）、一个模型（如一个自动交易模型）等。这些数据产品是商品，但数据在更多情况下是在上游，作为产生商品的材料。

当然，如果我们假设模型也是一种消费者，那么数据对模型来说，既可以被看成商品，也可以被模型所消费。

6.7.2 数字经济的通常逻辑

既然数据拥有传统资源和资产的属性，那么便能顺理成章地建立起数字经济的通常逻辑。

（1）数据本身是一种原材料，其生产有成本，也可以带来收益。既然是原材料，便可进行流通交易。因此，我们可以建立数据交易所，将数据作为一种生产要素，通过市场机制进行有效配置。

（2）数据通过一步步加工，最终形成数据产品。数据在数据链条上流动，每一步加工都是一个增值动作，可计算出每一步加工所创造出的价值，由此为这些加工步骤提供收益。

（3）形成的数据产品会随着技术的发展逐渐增值，在社会经济中所占比重也会越来越大，从而形成规模可观的数字经济。

（4）对于拥有数据和数据产品的主体（个人、企业、政府以及其他组织）来说，数据正逐步成为其核心资产。

6.7.3 数据定价和公平性

既然数据是重要的原材料甚至是资产，那么数据的所有权就应该得到切实保护。近年来，数据隐私问题得到了公众的密切关注，它将成为社会的核心问题。随着我们进入人工智能时代，更多的财富将由人工智能及其背后的数据资产所创造。因此，个人数据被大公司收集、利用，并形成货币化的模式，将使巨大的财富处于两极分化的状态，而这些问题目前正在发生。

数字时代的到来和数字经济的发展，是否意味着未来更美好？当人们大赞颂歌时，一个被忽视的危机隐约出现，即未来数字时代下的公平性问题。如果未来经济系统中很大一部分的收益来自数据，那么拥有数据就意味着拥有获益的权利。但在当前的模式下，数据往往被大公司所占有，这些公司是否会因此攫取未来社会的大部分财富？因此，必须建立一个新的范式。在这个范式中，个人数据可以得到保护，并进行合理定价，只有这样才能实现人工智能的收益分享，而这样的范式不能让数据在人工智能的使用中失效。

近年来，研究界提出的主流思路是将所有权保留在原始所有者手中，仅仅交易数据的使用权（结合联邦学习、多方安全计算等方法），并根据数据产生的效用进行定价。为了实现这个目标，可以采用以下几种技术。

联邦学习：建模被分布到参与性节点上，经过训练的本地模型被聚集起来，用于创建一个全局模型。在联邦学习中，数据保存在参与式节点的本地，而不是由中心化建模收集的，因此，可以基本消除数据隐私问题。而在过去几年，自从用户隐私受到密集关注，以及 GDPR 等法规开始实施后，联邦学习已经成为一个非常活跃的研究领域。

区块链：区块链的分布式账本通过去中心化的方式实现协作和组织，它可以促进对用户数据的去中心化处理和建模。

数据使用定价：一个公平的定价机制对于激励各方协同参与建模工作至关重要。从博弈论的角度来看，已经出现了一些方法。一种实用的方法是对数据的使用权而不是所有权进行定价，我们认为数据的价值会根据应用的不同而不同，所以首先应该对模型的效用进行定价。主要想法是将合作建模视为合作游戏，因此可以用夏普利值（shapley value，SV）来估计各方的贡献。夏普利值可用于评价在合作博弈中合谋者的贡献，其基本思路是穷举所有的合谋组合，并对所有组合中某个参与者的边际贡献进行求和。这种思路在近年来被应用为多方数据提供方做贡献度的评价。相关的工作包括通过近似方法降低原始夏普利算法的复杂性，或者通过强化获得的方法来学习最优分配。这种基于夏普利值的数据定价方法并非没有缺陷，其本质上是一种事后估计，很难支持参与方的事先决策，而且它忽视市场因素，仅仅做贡献度评价而不考虑市场对供需的预期，因此，最近也有一些方法将其与市场机制相结合，并通过代理、市场调研等手段来解决需求匹配函数的高复杂性问题。

6.8　实例

下面将提供一个完整的 Python 情感分析示例，内容包括方法介绍、准备工作、示例数据和情感分析实现等。

一、方法介绍

情感分析（sentiment analysis）是自然语言处理（NLP）中的一项重要任务，旨在分析文本数据的情感倾向，即判断一段文本表达的是积极、消极还是中性的情感。

对于中文情感分析而言，SnowNLP是一个专门用于处理中文文本的Python库，它功能强大且易于使用。

二、准备工作

1.安装依赖库

在开始之前，要确保你已经安装了以下库。

```
pip install snownlp
pip install pandas
```

snownlp：用于中文文本的情感分析。

pandas：用于数据处理和分析。

2.导入库

```
from snownlp import SnowNLP
import pandas as pd
import matplotlib.pyplot as plt
```

三、示例数据

假设我们有一组用户评论存储在列表中。

示例评论列表：

```
comments = [
"这个产品非常好，我很喜欢！",
"质量差得离谱，完全是浪费钱。",
"还可以吧，勉强能用。",
"真的太棒了，超出我的预期！",
"糟糕的服务，体验很差。",
"价格合理，性能不错。",
"不推荐购买，失望。",
"满意的一次购物，下次还会再来。",
"一般般，没有想象中那么好。",
"绝对的五星好评！"
]
```

将评论列表转换为DataFrame：

```
df = pd.DataFrame(comments, columns=['comment'])
```

四、情感分析实现

1.定义情感分析函数

```
def sentiment_analysis(text):
s = SnowNLP(text)
return s.sentiments
```

2.计算每条评论的情感得分

计算情感得分：

```
df['sentiment_score'] = df['comment'].apply(sentiment_analysis)
```

3.根据得分添加情感标签

```
def label_sentiment(score):
if score > 0.6:
        return '正面'
elif score < 0.4:
        return '负面'
else:
        return '中性'
df['sentiment_label'] = df['sentiment_score'].apply(label_sentiment)
```

五、结果展示

1.打印分析结果

```
print(df)
```

输出示例：

```
comment  sentiment_score sentiment_label
0    这个产品非常好，我很喜欢！        0.987364        正面
1    质量差得离谱，完全是浪费钱。        0.023456        负面
2    还可以吧，勉强能用。        0.473829        中性
3    真的太棒了，超出我的预期！        0.975321        正面
4    糟糕的服务，体验很差。        0.012345        负面
5    价格合理，性能不错。        0.852147        正面
6    不推荐购买，失望。        0.065432        负面
7    满意的一次购物，下次还会再来。        0.913579        正面
8    一般般，没有想象中那么好。        0.387654        中性
9    绝对的五星好评！        0.998765        正面
```

2.可视化结果

（1）情感标签分布饼图

统计各情感标签的数量：

```
sentiment_counts = df['sentiment_label'].value_counts()
情感分布统计：
sentiment_label
正面    5
负面    5
Name: count, dtype: int64
```

绘制饼图：

```
plt.figure(figsize=(6,6))
plt.pie(sentiment_counts, labels=sentiment_counts.index,
autopct='%1.1f%%', startangle=140)
plt.title('情感分析结果分布')
plt.axis('equal')
plt.show()
```

饼图（见图6-18）展示了正面和负面评论的比例。

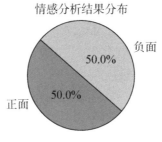

图6-18　饼图

（2）情感得分柱状图

按评论索引绘制情感得分柱状图

```
plt.figure(figsize=(10,6))
plt.bar(df.index, df['sentiment_score'], color='skyblue')
plt.xlabel('评论索引')
plt.ylabel('情感得分')
plt.title('每条评论的情感得分')
plt.xticks(df.index)
plt.show()
```

柱状图（见图6-19）展示了每条评论的情感得分，方便直观比较。

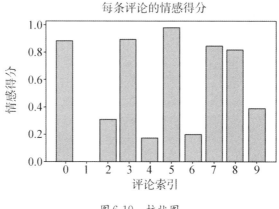

图6-19　柱状图

六、结果分析

1.情感得分解释

取值范围为0到1，数值越大表示情感越积极，越小则表示越消极。

2.情感标签划分

正面情感：情感得分大于 0.6。

中性情感：情感得分介于 0.4 到 0.6 之间。

负面情感：情感得分小于 0.4。

从结果可以看出，大部分评论被判定为正面情感，说明用户对产品总体满意；少部分评论为负面，需关注用户反馈的问题；中性评论表示用户的评价较为一般，产品有提升空间。

七、完整代码汇总

```
from snownlp import SnowNLP
import pandas as pd
import matplotlib.pyplot as plt
```

示例评论列表：

```
comments = [
"这个产品非常好，我很喜欢！",
"质量差得离谱，完全是浪费钱。",
"还可以吧，勉强能用。",
"真的太棒了，超出我的预期！",
"糟糕的服务，体验很差。",
"价格合理，性能不错。",
"不推荐购买，失望。",
"满意的一次购物，下次还会再来。",
"一般般，没有想象中那么好。",
"绝对的五星好评！"
]
```

创建 DataFrame

```
df = pd.DataFrame(comments, columns=['comment'])
```

定义情感分析函数

```
def sentiment_analysis(text):
```

```
s = SnowNLP(text)
return s.sentiments
```

计算情感得分

```
df['sentiment_score'] = df['comment'].apply(sentiment_analysis)
```

添加情感标签

```
def label_sentiment(score):
if score > 0.6:
return '正面'
elif score < 0.4:
return '负面'
else:
return '中性'
df['sentiment_label'] = df['sentiment_score'].apply(label_sentiment)
```

打印结果

```
print(df)
```

绘制情感标签分布饼图

```
sentiment_counts = df['sentiment_label'].value_counts()
plt.figure(figsize=(6,6))
plt.pie(sentiment_counts, labels=sentiment_counts.index, autopct=
'%1.1f%%', startangle=140)
plt.title('情感分析结果分布')
plt.axis('equal')
plt.show()
```

绘制情感得分柱状图

```
plt.figure(figsize=(10,6))
plt.bar(df.index, df['sentiment_score'], color='skyblue')
plt.xlabel('评论索引')
plt.ylabel('情感得分')
plt.title('每条评论的情感得分')
plt.xticks(df.index)
plt.show()
```

本章小结

　　本章介绍了数据链条的基本概念，并对数据链条上每个环节的主要方法做了简要的介绍，熟练使用这些方法需要经过一定的实践。同时，本章也介绍了数据生态的一些相关概念，这些概念能帮助读者理解如今发展迅速的数字经济。最后，还提供了一个关于情感分析的案例，作为数据链条的一个实践案例。

习题

一、判断题

1.SQL 与 NoSQL 数据库的主要区别在于，SQL 是关系型数据库，而 NoSQL 是非关系型数据库。（　　）

2.数据增强会改变原始数据的分布，导致模型的泛化能力减弱。（　　）

3.数据不一致通常通过引入事务管理和一致性协议来处理。（　　）

二、单项选择题

1.以下哪项是 SQL 和 NoSQL 数据库的主要区别？（　　）

　　A.SQL 是非关系型数据库

　　B.NoSQL 数据库不支持事务

　　C.SQL 使用固定的表结构，而 NoSQL 可以存储更灵活的数据

　　D.SQL 无法处理大规模数据

2.在处理数据不一致问题时，哪种策略可以有效保证系统一致性？（　　）

　　A.强一致性　　　　　　　　　　　　B.弱一致性

　　C.最终一致性　　　　　　　　　　　D.无一致性

3.数据增强对原始数据的影响是什么？（　　）

　　A.会保持原始数据的分布不变

　　B.会改变原始数据的分布，增加数据的多样性

C.会导致数据过拟合现象

D.数据增强与原始数据分布无关

三、多项选择题

1.以下哪些是 SQL 和 NoSQL 数据库的主要区别？　　　　　　　　　　　　　　（　　）

A.SQL 是关系型数据库，NoSQL 是非关系型数据库

B.SQL 使用结构化查询语言，NoSQL 使用非结构化查询

C.NoSQL 主要用于小规模数据存储

D.SQL 数据库适用于水平扩展场景

2.以下哪些方法可以用来处理数据不一致问题？

A.使用分布式事务　　　　　　　　　　B.引入一致性协议

C.数据库备份　　　　　　　　　　　　D.使用最终一致性模型

3.以下哪些是数据增强的常见方法？　　　　　　　　　　　　　　　　　　　　（　　）

A.图像旋转　　　　　　　　　　　　　B.噪声添加

C.数据标准化　　　　　　　　　　　　D.数据丢失

四、简答题

1.请简述 SQL 和 NoSQL 数据库的主要区别。

2.数据增强如何影响机器学习模型的泛化能力？

五、实践题

1.在一个图像分类任务中，应用数据增强技术，评估其对模型训练和测试准确率的影响。

参考文献

［1］Bengio Y，Goodfellow I，Courville A. Deep learning ［M］. Cambridge：MIT Press，2017.

［2］Bishop C M，Nasrabadi N M. Pattern recognition and machine learning ［M］. New York：Springer，2006.

［3］Cioffi-Revilla C. Introduction to computational social science ［M］. London: Springer，2014.

［4］Hofman J M，Watts D J，Athey S，et al. Integrating explanation and prediction in computational social science ［J］. Nature，2021，595（7866）：181-188.

［5］Lazer D M J，Pentland A，Watts D J，et al. Computational social science：Obstacles and opportunities ［J］. Science，2020，369（6507）：1060-1062.

［6］Lazer D，Pentland A，Adamic L，et al. Computational social science ［J］. Science，2009，323（5915）：721-723.

［7］Liu Y，Biester L，Mihalcea R. Improving mental health classifier generalization with pre-diagnosis data ［C］. Proceedings of the International AAAI Conference on Web and Social Media，2023.

［8］Mitchell T M. Machine learning ［M］. New York：McGraw-Hill，1997.

［9］Murphy K P. Machine learning：A probabilistic perspective ［M］. Cambridge：MIT Press，2012.

［10］Park J S，Kim B，Ahn S，et al. Generative agents：Interactive simulacra of human behavior ［C］. Proceedings of the 36th Annual ACM Symposium on User Interface Software and Technology，2023.

［11］Vaswani A，Shazeer N，Parmar N，et al. Attention is all you need ［C］. Advances in Neural Information Processing Systems，2017.

［12］李航. 统计学习方法 ［M］. 2版. 北京：清华大学出版社，2019.

［13］尼尔森. 深入浅出神经网络与深度学习 ［M］. 朱小虎，译. 北京：人民邮电出版社，2020.

［14］张，立顿，李沐，等. 动手学深度学习：PyTorch版 ［M］. 何孝霆，瑞潮儿·胡，译. 北京：人民邮电出版社，2023.

［15］周志华. 机器学习 ［M］. 北京：清华大学出版社，2016.